苏墨 / 著

你越强大，世界越公平

中国华侨出版社
·北京·

前言

PREFACE

世界是复杂的,每个人的人生都要经历各种体验:亲情、爱情、友情;善与恶、真诚与虚伪、忠诚与背叛往往杂糅在一起。

在这个复杂的世界里,有两种截然不同的人。一种人缺乏自信,总是被环境所支配,也会被他人的评价所影响,经不起外界哪怕最微弱的质疑,不敢做真实的自己,总是活在别人的阴影里。这种人内心非常弱小,无法承受一点委屈,当被人误解时,就会感觉心里很受伤。他们往往最终会沦为失败者。另一种人恰恰相反,他们目光远大,心胸开阔;他们敢于坚持自己内心的想法,胜不骄败不馁,更不轻易为别人所动。这种人内心十分强大,可以战胜一切恐惧与悲观,谁都无法真正伤到他们,更无法打倒他们。这种人往往或早或晚会成为人群中的佼佼者、成功者。

内心强大的人,一边在挫折中受伤,一边学着坚强,然后微笑向前!我们每个人都希望自己成为这样的人,从而在社会交往中避免被别人伤害。那么怎样才能内心强大呢?其实,一个拥有强大内心的人,并非总是强势的、咄咄逼人的,相反,他可能是温柔的、乐观的、有韧性的、不紧不慢的、沉着而淡定的。拥有强大内心的人,他们反而更温柔、更和蔼。内心强大是心中的安定与平静。强大,不是霸道,不是要将别人的所有占为己有;恰恰相反,内心的强大带给我们的是宽容和谦让。正是因为内心的安定与平静,我们才明白自己真正需要什么,才明白如何才能得到快乐。

真正的强者在于内心的强大。本书就是一本教你在复杂世界里如何变得内心强大的书,对当今社会中普遍存在的人们心理脆弱的现实进行了深入解剖,分析我们在各种社会关系中的心理状态。该书将心理学、社会学等常识融入现实生活,指出了塑造强大内心世界的方法,并教会人们如何应对复杂多变的生活,唤醒内在的强大力量,控制情绪,发掘潜能,在复杂的世界修一颗强大的内心,收获卓越人生。

目录

CONTENTS

第一章 / 你的内心足够强大吗

内心足够强大，人生就会屹立不倒 /2
内心强大能创造令人难以想象的奇迹 /4
认清自己的目标是什么，更能获得强大的内心 /6
每个人都有未知的可能性 /8

第二章 / 自我认同，内心强大的前提

一生必爱一个人——你自己 /12
接受天生的限制，改进自己的缺点 /14

别让坏情绪左右自己的行为 /16

认可自己,摆脱依赖 /19

你不可能让每个人都满意 /21

把"我不可能"彻底埋葬 /24

每个人都有自己的路 /27

你的独立,就是你的底气 /29

知道自己有多美好,无须要求别人对你微笑 /31

人生有多残酷,你就该有多坚强 /33

第三章/
武装你的心,消除内心不够强大的因素

自负阻碍成功 /38

浮躁断送美好前程 /41

冲动是生活中的隐形地雷 /44

摆脱焦虑的绳索 /47

空虚,生命难以承受之轻 /52

抑郁是精神的锁链 /55

撩开羞怯的面纱 /59

第四章 /
反脆弱，不被弱小的心禁锢

有缺陷，就勇敢地面对 /64
抱怨自己——偷偷作祟的自卑心 /67
从现在起，不再对自己进行否定 /69
克服自卑的 11 种方法 /71
跨越自己给自己设定的藩篱 /74
不轻易给自己下判决书 /76
弱势时要先懂得自保 /79

第五章 /
建立心理优势，强大的不是能力而是心理

即使失意，也不可失志 /82
积极心态能激发无穷潜能 /85

强悍的自信心是力量与希望的源泉 /87

挑战自我,多给自己一个机会 /89

扩大你的内心格局 /91

宽容,让痛苦变为伟大 /93

直面挫折,内心才会坚韧 /95

克服狭隘,豁达的人生更美好 /97

信念达到了顶点,就能够产生惊人的效果 /100

第六章/
战胜恐惧,谁都伤不了你

不要输给自己的假想敌 /106

不要被恐惧束缚手脚 /109

摆脱逃避的沼泽 /110

直面恐惧才能战胜恐惧 /114

勇敢去做让你害怕的事 /119

恐惧是心灵的鬼魅 /121

敢于冒险的人生有无限可能 /124

苦难不可怕，可怕的是恐惧的心 /127
镇静让恐惧退缩 /129

第七章/
提高心理韧性，跌得越重反弹力越大

在困境中引爆潜力 /134
甩掉你的消极，乐观面对 /137
别做无谓的坚持，要学会转弯 /139
低谷的短暂停留，是为了向更高峰攀登 /142
人这一辈子总有一个时期需要卧薪尝胆 /144
最糟也不过是从头再来 /148
忍下来，就是向前一步 /150

第八章/
还原本我，不要被群体认同所左右

在模式化的人生里，做真正的自己 /154

不做盲从的思维懒汉 /158

自己的人生无须浪费在别人的标准中 /161

别为迎合别人而改变自己 /164

相信自己能飞翔,才能拥有翅膀 /166

第九章 /
积蓄正能量,唤醒内心强大的力量

在低调中积蓄前行的力量 /170

放开胸怀得到的是整个世界 /172

转换思路,可以不被任何事情操控 /174

管住自己才能内心强大 /176

厚积薄发,积储成功的要素 /178

第一章　你的内心足够强大吗

内心足够强大，人生就会屹立不倒

在每个人的生命中，每一年都会发生各种各样的事情，或大喜或大悲，无论如何，这些事情就像我们生命中的坐标一样，它们以或深或浅或明媚或黯淡的色调，构成了我们的人生画卷。

因为在人生的岁月里，起伏不定常常带给人们不安全感，所以，人们常常抱怨磨难，抱怨那些让我们的生活变得艰苦的事情，抱怨那些让我们的内心承受煎熬的经历。可是，人们在抱怨的时候并没有想到，这些磨难就像烈火，我们只有经过淬炼，才能变得更加坚韧、更加刚强。

德国有一位名叫班纳德的人，在风风雨雨的50年间，他遭受了200多次磨难的洗礼，可谓世界上最倒霉的人，但这些也使他成为世界上最坚强的人。

他出生后的第14个月，摔伤了后背；之后又从楼梯上掉下来，摔残了一只脚；再后来爬树时又摔伤了四肢；一次骑车时，忽然不知从何处刮来一阵大风，把他吹了个人仰车翻，膝盖又受了重伤；13岁时掉进了下水道，差点窒息；一辆汽车失控，把他的头撞了一个大洞，血如泉涌；又有一辆垃圾车，倾倒垃圾时将他埋在了下面；还有一次他在理发屋中坐着，突然一辆飞驰的汽车驶了进来……

他一生遭遇无数次灾祸，在最为晦气的一年中，竟遇到了17次意外。

令人惊奇的是，他至今仍健康地活着，而且心中充满了自信。他历经了200多次磨难的洗礼，还怕什么呢？

人生不可能一帆风顺，一旦困境出现，首先被摧毁的就是失去意志力和行动能力的温室花朵。经常接受磨炼的人才能开辟出崭新的天地，这就是所谓的"置之死地而后生"。

"自古雄才多磨难，从来纨绔少伟男"，人们最出色的成绩往往是在挫折中做出的。我们要有一个辩证的挫折观，经常保持坚定的信心和乐观的态度。挫折和磨难使我们变得聪明和成熟，正是不断从失败中汲取经验，我们才能获得最终的成功。我们要悦纳自己和他人，要能容忍不利的因素，要学会自我宽慰，要情绪乐观、满怀信心地去争取成功。

如果能在磨难中坚持下去，磨难就是人生不可多得的一笔财富。有人说，不要做在树林中安睡的鸟儿，要做在雷鸣般的瀑布边也能安睡的鸟儿，就是这个道理。磨难并不可怕，只要我们学会去适应，那么磨难带来的逆境，反而会让我们拥有进取的精神和百折不挠的毅力。

我们在埋怨自己生活多磨难的同时，不妨想想班纳德的人生经历，或许还有更多多灾多难的人，与他们相比，我们的困难和挫折算得了什么呢？只要我们内心足够自信与强大，生命就能屹立不倒。

习惯抱怨生活太苦、运气太差的人，是不是也能说一句这样的豪言壮语："我已经经历了那么多的磨难，眼下的这一点痛又算得了什么？"

只要相信自己，就没有什么外在因素可以伤害或摧毁你，至于受老板的责骂、受客户的折磨、被别人批评之类的小事，你还会在乎吗？

内心强大能创造令人难以想象的奇迹

人生总是困难重重，只有内心强大的人才能最终抵达成功的彼岸。

内心强大的人都会很顽强。"顽"是一种执着、一种坚定的信念、一种不达目的誓不罢休的决心和勇气，"强"是"顽"的效果表达，是我们生存和发展的必备条件。

只有顽强的人，才会对自己的行为动机和目的有清醒而深刻的认识。只有顽强的人，才能在复杂的情境中冷静而迅速地做出判断，才能毫不迟疑地采取坚决的措施和行动。也只有顽强的人，在碰到挫折和失败的时候，会主动调节自己的消极情绪，控制自己的言行，不灰心、不丧气、不焦躁；面对成功和胜利，不骄傲、不自满。

在很多情况下,我们与成功无缘,并不是我们不聪明,而是缺乏顽强的意志。顽强的意志不但能帮助我们走出失败的阴影,更能帮助我们养成良好的习惯,实现人生的目标。顽强的"妙不可言"之处就在于它能激发人的潜能,促使人创造超乎自己想象的业绩。

海伦·凯勒的事迹正说明了这一点。海伦·凯勒虽然看不见,听不到,但她在一生中做了许多事情。她的成功给其他人带来了希望。

海伦·凯勒于1880年6月27日出生在美国亚拉巴马州北部的一个小镇上。在一岁半之前,海伦·凯勒和其他孩子一样,很活泼,很早就会走路和说话了。但在19个月大的时候,她因为一次高烧而导致了失明及失聪。从此,她的世界充满了寂静和黑暗。

从那时起到7岁,海伦只能用手比画进行交流。但是她学会在寂静黑暗的环境中生活。她有着很强的渴望,她自己想做什么,谁也挡不住她。她越来越想和别人交流,用手简单地比画已经不够用了。她的内心深处有一种什么东西要爆发,因为她的举止已难以让人理解。当她母亲管束她时,她会哭闹喊叫。

在海伦6岁时,她父亲从波士顿的珀斯盲人研究院请来了一位女老师,名叫安妮·沙莉文。海伦·凯勒就是在这位令她终生难忘的老师的指导下,在以后的日子里凭借着自己顽强的毅力,学会了手语,学会了说话,学会了多门外语,并在哈佛大学完成了自己的学业。但她认为,这些只不过是她许多成功的开始。

就在自己的老师去世后不久,海伦·凯勒跑遍美国大大小小的城市,周游世界,为慈善事业到处奔走,全心全力为那些不幸的人服务,最终成为一位世界知名的残障教育家。

海伦·凯勒终身致力于服务残障人士,并写了很多书,其中散文《假如给我三天光明》是最为著名的代表作。

虽然命运给予了海伦·凯勒许多不幸,她却没因此而屈服于命运。她凭借着自己顽强的毅力,奋勇抗争,最终冲破了人生的黑暗与孤寂,赢得了光明和欢笑。美国《时代周刊》如此评价:海伦·凯勒的成功让我们认识到顽强的意志对于一个残疾人的意义,那么,对于一个四肢健全的人,海伦·凯勒让我们感到汗颜。其实,很多人只比海伦·凯勒少了一种不屈不挠的骨气、一种持之以恒的耐力和一种顽强不屈的意志力。他们也恰恰不明白,人生总是困难重重,只有具有顽强意志的人,才能成功!

认清自己的目标是什么,更能获得强大的内心

许多人之所以在生活中一事无成,最根本的原因在于他们不知道自己到底要做什么。在生活和工作中,明确自己的目标和方

向是非常必要的。只有你知道你的目标是什么、你到底想要做什么之后，你才能够达到自己的目标，你的梦想才会变成现实。

这需要你先静下心来，浮躁不安的心是没法回答自己的问题的。首先你得问自己，你喜欢现在的生活吗？包括你的工作、你每天做的事、你努力奋斗的某个人生目标，也包括你身边的朋友。

如果你觉得很喜欢，那你真的很幸运。对于大多数人来说，可能都会对自己的生活有些抱怨、有些迷茫，那么你就问问自己的内心，自己到底想要做什么？从你曾经的梦想开始忆起，也许你很早以前就有一个梦想，但是随着时间的流逝，你已经将它搁浅了，为什么？你还能找得到原因吗？是因为兴趣发生了改变，还是现实让你不得不低头？那么你现在的兴趣又是什么？你目前的生活正在你兴趣的轨道上运行吗？或者现实是如何让你放弃梦想的？你真的确定你没法克服现实中的困难吗？

看清楚了自己的内心，了解了自己的兴趣所在，那么，分析一下你感兴趣的事情的现实可能性吧！不是你想要做什么，就一定能做到的。也许你只是羡慕那件事光鲜的一面，比如，电影明星、舞蹈演员等，你看到的是他们风光美丽的一面，你以为你很想做这样的事，成为他们那样的人，你又怎能了解这些事和这些人背后的故事。所以，全面了解你想做的事，包括它的好处和坏处，看看你是否真的是那么想做，最重要的，看你是否真的能做到，你确定你能一直坚持下去，永远不放弃吗？如果可以，那么，不要犹豫，赶快行动吧！

每个人都有未知的可能性

成功学大师戴尔·卡耐基曾说:"多数人都拥有自己不了解的能力和机会,都有可能做到未曾梦想的事情。"生活中,许多人都以为自己能力有限,但是只要尽力而为,往往能做出骄人的成绩。其实,每个人身上都隐藏着无穷无尽的潜能,只要在恰当的时机来引爆,就能做出令自己都无法想象的事情来。

小山真美子是一位年轻的妈妈,她身材矮小。一天,她在楼下晒衣服,忽然发现她4岁的儿子从8楼的家里掉了下来。见此情景,她飞奔过去,赶在孩子落地之前将孩子接在了怀里,两人仅仅受了一点儿轻伤。这条消息在《读卖新闻》发布后,引起了日本盛田俱乐部的一位法籍田径教练布雷默的兴趣。因为根据报纸上刊出的示意图,他算了一下,从20米外的地方接住从二十五六米高处落下的物体,必须跑出约每秒9米以上的速度,而这不是普通人能及的短跑速度!

为此,布雷默专门找到小山真美子,问她那天是怎样跑得那么快的。"是对孩子的爱,"小山这样回答,"因为我不能看着他受到伤害!"小山的回答给了布雷默一个重要的启示:人的潜力其实是没有极限的,只要你拥有一个足够强烈的动机!

布雷默回到法国后,专门成立了一家"小山田径俱乐部",把小山的故事作为激励运动员突破自我极限的动力。结果他手下的一位名叫沃勒的运动员在世界田径锦标赛上获得了800米比赛的冠军。当记者问他是怎样在强手如林的比赛中夺冠时,沃勒回答说:"是小山真美子的故事。因为当我在跑道上飞跑时,我就想象我就是小山真美子,是去救我的孩子!"

小山真美子能创造短跑奇迹,靠的是她刹那间迸发出来的巨大潜力。沃勒800米比赛夺魁,靠的是小山真美子救子的激励,从而引爆体内的潜能。

人的潜力是无穷的,有了刺激,才会往前跑、向上跳;有了机会,才知道自己的实力有多强。

生活中,很多人总是在想,这是不可能的,我学历那么低,怎么敢应聘那家公司;我长得不够漂亮,他怎么会喜欢我;我表达能力不好,怎么敢在会议上发言;我五音不全,怎么好意思在大家面前唱歌……事实上,你虽然没有别人英俊潇洒,但你可能身强体壮;你虽然不会琴棋书画,但你可能思维敏捷、逻辑清晰……上帝不会给人全部,但他绝对不会亏待你,所以你一定要做自己的伯乐,发掘自己的潜能。

拿破仑·希尔曾经说过:"抱着微小希望,只能产生微小的结果,这就是人生。"美好的人生始自你心里的想象,即你希望做什么事,成为什么人。在你心里的远方,应该稳定地放置一幅自己的画像,然后向前移动并与之吻合。如果你替自己画一幅失败的画像,那么,你必将远离胜利;相反,替自己画一幅获胜的画像,你与成功即可不期而遇。

生命蕴藏着巨大的潜能，这种潜能无法估量。对自己的生命拥有热爱之情，对自己的潜能抱着肯定的想法，这样，生命就会爆发出前所未有的能量，也会创造令人惊奇的成绩。

第二章
自我认同,内心强大的前提

一生必爱一个人——你自己

每个人都不可能完美无缺，只有从内心接受自己，喜欢自己，坦然地展示真实的自己，才能拥有成功快乐的人生。伟大的哲学家伏尔泰曾言："幸福，是上帝赐予那些心灵自由之人的人生大礼。"这句话足以点醒每一个追求幸福的人：要做幸福的人，你首先要当自己思想、行为的主人。换言之，你只有做自己，做完完全全的自己，你的幸福才会降临！这就是幸福的秘诀。

我们都要知道，在这个世界上，你是自己最要好的朋友，你也可以成为自己最大的敌人。学会从内心善待自己，你会觉得阳光、鲜花、美景总是离你很近。你平和的心境是滋养自己的优良沃土。

爱自己首先要按自己喜欢的方式去生活。因为我们要想生活得幸福，必须懂得秉持自我，按自己的方式生活。如果你一味地遵循别人的价值观，想要取悦别人，最后你会发现"众口难调"。每个人的喜好都不一样，失去自我，便是自己人生痛苦的根源。

辛迪·克劳馥，作为一代名模，她也和许多名模一样，缺乏主见，也几乎和许多名模一样，差点儿沦为有钱人摆弄的花瓶。但她及时意识到了自己的个性弱点，主动调整自己的性格，展示出了自己的独特魅力,牢牢将命运掌握在自己手中。辛迪·克劳馥18岁就踏入了大学校门。大学里的辛迪,是一朵盛开在校园中的鲜艳花朵,走到哪里,哪里就发出一阵惊呼。那个时候,她身材修长、亭亭玉立,再加上漂亮的脸蛋,实在是美极了。当时,人们对她赞不绝口。的确,她的整体线条已经是那么的流畅、浑然天成;她的鼻子是那么的挺拔,配上深邃的目光、性感的嘴唇以及丰满的乳房、浑圆的臀部,一切就像是天造地设的一般。难怪,在同学当中,她是那么得引人注目。

在这期间,有一个摄影师发现了她,拍了她一些不同侧面的照片,然后挂在他自己的居室墙上。同时,她的照片刊在《住校女生群芳录》中,她的脸、她的相片、她的名字,第一次出现在刊物上。很快,她被推荐去了模特经纪公司。但是一开始,她就碰了壁。这家公司竟说她的形象还不够美。她感到伤心。而令她更感到伤心的是,那个经纪人认为她嘴边的那颗痣,必须去掉,如果不去掉,她就没有前途。但她不肯去掉。

成名之后,她回忆起这件事的时候说:"小时候,我一点儿都不喜欢那颗黑痣,我的姐妹们都嘲笑它,而别的孩子总说我把巧克力留在嘴角了。可是那颗痣让我觉得自己和别人不一样。后来,我开始做模特儿,第一家经纪公司要我去掉那颗痣。但母亲对我说,你可以去掉它,但那样会留下疤痕。我听了母亲的话,把它留在脸上。现在,它反而成了我的"商标"。只有带着它,我才是辛迪·克劳馥。其他人跑来对我说,她们过去讨厌自己脸上的小黑痣，但现在她们却认为那是美丽的。从这个意义上来说，这是件好事，因为人们变得乐于接受属于自己的一切，尽管他们过去并不一定喜欢。"辛迪·克劳馥的经历告诉我们，你才是你自己的中心，一个人无须刻意追求他人的认可，只要你保持自我本色，按自己的方式生活，生活中就没有什么可以压倒你，你可以活得很快乐、很轻松。人应该爱自己的全部，那样你才会感到自身的魅力。一旦你看上去既美丽又自信，就会发现周围的人对你刮目相看了。正如美国歌坛天后麦当娜所说："我的个性很强，充满野心，而且很清楚自己想要什么。就算大家因此觉得我是个不好惹的女人，我也不在乎。"而事实上，并没有人因此而讨厌她，相反，人们更加着迷于她的优美歌声和独特个性。

接受天生的限制，改进自己的缺点

每个人都应乐于接受自己，既接受自己的优点，也接受自己的缺点。但事实是，绝大部分人对自己都持有双重看法，他们给自己画了两张截然不同的画像，一张是表现其优秀品质的，没有任何阴影；另一张全是缺点，画面阴暗沉重，令人窒息。

我们不能将这两幅画像隔离开来，片面地看待自己，而是需要将其放到一起综合考察，最后合二为一。我们在踌躇满志时，往往忽视自己内心的愧疚、仇恨和羞辱；在垂头丧气时，却又不敢相信自己拥有的优点和取得的成绩。我们应该画出自己的新画像，我们应该实事求是地接受自己、了解自己，我们所做的一切都不是十全十美的。很多人常常过分严格地要求自己，凡事都希望做得完美无缺，这是不现实的想法。我们每个人都是综合体，在我们身上都有批评家和勇士的某些性格特征。有时候我们希望支配他人、算计他人，快意于他人的痛苦，但我们有足够的能力使这些恶劣品性服从于我们人格中善良的一面。纽约的一名精神病医生遇到过这样一个病人，他酒精中毒，已经治疗了两年。有一次，这个病人来看医生，要求进行心理治疗。病人告诉医生说，前两天他被解雇了。当心理治疗完毕后，病人说："大夫，如果这件事发生在一年前，我是承受不住的。我想自己本来可以做得更好，避免这类事情的发生，但却未能做到，为此我会去酗酒。说实话，昨天晚上我还这么想呢。但现在我明白了，事情既然已经发生了，就该正视它，坦然地接受它。失败就像成功一样，是人生中难得的经历，它是我们人生中不可避免的一部分。"如果我们都能像这位病人一样，坦然接受生活的全部，那么我们就能够正确地看待各种不良的心境。沮丧、残酷、执拗，这些都只是暂时的现象，是人的多种情感之一。有些人要求自己完美无缺，有这种想法的人往往极其脆弱，他们常常会因为对自己过分苛刻而感到绝望。每个人的性格中都有导致失败的因素，也有助力成功的因素。我们应有自知之明，把这两个方面都看作人性的固有成分，接受它们，进而努力发挥人性中的优点。

有些人因为自己有时候具有消极的破坏性情绪，就以为自己是邪恶的，于是一蹶不振、自暴自弃，很让人惋惜。我们应该明白，少许的性格缺陷并不能说明我们就是不受欢迎的人。恩莫德·巴尔克曾说过，以少数几个不受欢迎的人为例来看待一个种族，这种以偏概全的做法是极其危险的。我们对自己、对别人具有攻击性，怀有仇恨，这些情感是人性的一部分，我们不必因此就厌恶自己，觉得自己就像社会的弃儿一般。意识到这一点，我们就能在精神上获得超脱和自由。

别让坏情绪左右自己的行为

悲观和失望等消极情绪常常会让人们失去正常的判断力。所以，一个人在沮丧难过的时候，一定不要马上着手做重要的事情，特别是可能会对我们的生活产生深远影响的人生大事，因为沮丧会使你的决策陷入歧路。一个人在看不到希望时，仍能保持乐观，仍能善用自己的理智，这是十分不容易的。

当一个人在事业上经历挫折的时候，身边的人会劝我们放弃。此时，如果听从了他们的话，那么我们注定会失败，如果能够再坚持一下，摆脱悲观的情绪，也许我们就能成功。

许多年轻人，他们在工作遭遇困难的时候选择了放弃，进入自己完全不熟悉的领域，可是这样面对的困难更大，如果还是没有信心，任由悲观失望的情绪控制，那么就注定了一事无成。

悲观的时候，智慧才是最有用的，它能够帮助你做出正确的抉择：当有人引诱你放弃自己的道路时，它能使你坚定自己的目标而不受外界的影响；当你的心开始动摇的时候，它能够宽慰你，让你冷静下来。杰克就是这样做的。

一直以来，当医生都是杰克最大的梦想，为此他考上了医学院，想要深造。刚开始学习的时候，他满心欢喜，完全沉浸在了幸福的氛围里。可是，好景不长，基础理论知识学完了，他们进入了解剖学和化学的课程。每天都要面对不同的尸体，杰克感觉到恶心。以后的日子里，他每天一走进实验室都心惊胆战，唯恐又见到什么让人想呕吐的景象。

恐惧的心情一直折磨着杰克。他开始怀疑自己的选择是错误的，自己并不适合医生这个职业。经过思考，他决定退学，选择一个更适合自己的职业。他把自己的决定告诉教授，教授说："再等等吧，你现在的决定并不能代表你的心声。等到你的决定忠于你的心的时候，你再来找我。"

日子一天一天过去，开始的时候，杰克每天都在受着煎熬，时间长了，他习惯了实验室里消毒水的味道，熟悉了各种尸体的结构，也就不再对实验室感到畏惧了。四年后，杰克以优异的成绩毕业，他接受了一家大医院的聘请，成了那里最年轻的医生。

有一次，杰克回去看教授，教授笑着对杰克说："还记得吗？你当年想放弃。"杰克说："是的，教授，是您阻止了我。"教授说："那时候你太悲观，还不能了解自己的心，所以我让你冷静下来。杰克，你记着，人在悲观失望的时候，千万别马上做决定，要给自己一点时间想一想，之后得到的答案也许就跟原来不同了。"

一个人失意时，头脑一片混乱，甚至会因此产生绝望的情绪，这是一个人最危险的时候，最容易做出糊涂的判断、糟糕的计划。一个人悲观失望时，就没有了精辟的见解，也无法对事物认识全面，也就失去了准确的判断力。所以忧郁悲观的时候，一定不能做出重要决断，等到头脑清醒、心情平复的时候，我们才可以制订更好的计划。

艾琳诺·罗斯福有句名言："恐惧是世界上最摧毁人心的一种情绪。"

高达百丈的两道悬崖夹着一条峡谷。悬崖十分陡峭，由几道光秃秃的铁索连接，充当过河的桥。

有四个人一起来到桥头，一个是盲人，一个是聋人，另外两个是健全人，他们都要过河。他们一个一个地抓住铁索，凌空行进。结果，盲人、聋人过了桥，一个耳聪目明的人也过了桥，另一个人则跌到了湍急的水流中，丢了性命。

盲人说："我眼睛看不见，不知山高桥险，自然可以心平气和地攀索过桥。"

聋人说:"我的耳朵听不见,不管水流如何咆哮怒吼,在我这里都是一片寂静,自然也可以坦然无惧地攀索过桥。"

安全过桥的健全人说:"我过我的桥,险峰与我何干?急流与我何干?只管一步步落稳脚跟,不断向前就是了。"

很多时候,实现理想、追求成功的过程,就像是在水流湍急、山高峰险的悬崖峭壁间过铁索桥。失败的原因和智商、力量等因素并不相关,而往往是被周围的环境所震慑,不敢放胆一搏。

我们应该向那些已经顺利过桥的人学习。一个人只要不自我设限,记住"险峰与我何干",不畏惧眼前或周围的困难、险境,就能为自己开创一片无限广阔的天地。

认可自己,摆脱依赖

对我们来说,自我认同最大的敌人就是过于依赖他人来保障自己。依赖成了习惯,几乎足以抹杀一个人意欲前进的雄心和勇气,阻止一个人利用自身的资本去换取成功的快乐,让你日复一日地在原地踏步,止水一般停滞不前,以至你到了垂暮之年,终日为一生无为而悔恨不已。

而且,这种错误的心理还会剥夺一个人本身具有的独立能力,使其依赖成性,只能靠拐杖而不想自己一个人走。有了依赖，就不想独立，其结果是给自己的未来挖下失败的陷阱。而摆脱依赖的方法其实很简单，就是要学会自己走路，走自己的路。

走自己的路就意味着我们遇事要学会自己拿主意，要敢于坚持自己的想法，而不是总让别人替自己出主意或者是受别人言论的影响。明朝名人吕坤特别反对这种没有主见的毛病。他说，如果做事怕人议论，做到中间一有人提出反对意见，就不敢再做下去了，这不仅说明这个人没有"定力"，也说明其没有"定见"。没有定见和定力，就不是一个独立自主的人。吕坤说，做人做事，首先要能独立思考，明辨是非，选择正确的立场观点。吕坤进一步说，每个人的想法都不会完全一致，我们不能要求每个人的看法都与自己相同。因此，我们做事要看我们想达到的目标和效果，而不要过于顾虑事前一些人的议论。等你把事情做好了，那些议论自然也就停止了。即使事情没做成，但只要是正确的，就是应当做的，论不得成败。

心理学家认为，一个具有健康人格的人是自由的人，而自由主要体现在这个人在肯定自己的同时能够自主地、有选择地支配自己的行为。这种自主感不是凭空产生的，其中很大一部分来自其少年时期对自由支配时间的体验。创造自己的自主空间，可以从下面几方面做起。

（1）遇事先自己拿主意。遇事先想该怎么办，自己做主，然后再听取他人的意见，从中学到解决问题的经验和技巧，这样才能使智力有所增长，从而培养自主的能力。

（2）尝试着培养独立思考的能力。允许自己独自在一定的限度内犯错误，甚至允许自己做错事。

（3）当你充满信心去实践自己的主张时，不要太依赖外部的帮助。当你遇到困难时，不要轻易向别人求援或接受他们的帮助，随着你的成长和成熟，既培养了自己的责任心，又有越来越强的独立性。你就可以逐渐减少对他人的依赖和对他人的约束、服从，你就可以有更多的自由去管理自己的事情。

（4）学会从小自己做决定。一旦做出决定，你就必须意识到要对选择的结果负责任。比如，一个人如果在他得到一星期的零花钱的第一天就把它花光了，那么他就必须尝尝那个星期其余几天没有钱的滋味。自主能力往往都是在几次成功与失败的过程中树立起来的，不要太在意失败。

能够充分发展一个人潜能的，不是外援，而是自助；不是依赖，而是自立。如果你总是让其他力量推着才能前行，那么，你的生命意义将归于零。

你不可能让每个人都满意

世界一样，但人的眼光各有不同，做人，不必花大量的心思去让每个人都满意，因为这个要求基本上是不可能达到的。如果一味地追求别人的满意,不仅自己心累,还会在生活和工作中失去自我!

生活中我们常常因为别人的不满意而烦恼不已,我们费尽心思去让更多的人对自己满意。我们小心翼翼地生活,唯恐别人不满意,但即便是这样还会有人不满意,所以我们为此又开始伤神。很多时候,我们忙活工作或者生活其实花不了太多的时间,而是我们将大量的时间都花在了处理如何达到别人满意这些事情上了,所以身体累,心也累。

有这样一个故事:一个农夫和他的儿子,赶着一头驴到邻村的市场去卖。没走多远就看见一群姑娘在路边谈笑。一个姑娘大声说:"嘿,快瞧,你们见过这种傻瓜吗?有驴子不骑,宁愿自己走路。"农夫听到这话,立刻让儿子骑上驴,自己高兴地在后面跟着走。

不久,他们遇见一群老人正在激烈地争执:"喏,你们看见了吗?如今的老人真是可怜。看那个懒惰的孩子自己骑着驴,却让年老的父亲在地上走。"农夫听见这话,连忙叫儿子下来,自己骑上去。

没过多久又遇上一群妇女和孩子,几个妇女七嘴八舌地喊着:"嘿,你这个狠心的老家伙!怎么能自己骑着驴,让可怜的孩子跟着走呢?"农夫立刻叫儿子上来,和他一同骑在驴的背上。

快到市场时,一个城里人大叫道:"哟,瞧这驴多惨啊,竟然驮着两个人，它是你们自己的驴吗？"另一个人插嘴说："哦，谁能想到你们这么骑驴，依我看，不如你们两个驮着它走吧。"农夫和儿子急忙跳下来，他们用绳子捆上驴的腿，找了一根棍子把驴抬了起来。

他们卖力地想把驴抬过闹市入口的小桥时，又引起了桥头上一群人的哄笑。驴子受了惊吓，挣脱了捆绑撒腿就跑，不想却失足落入河中。农夫只好既恼怒又羞愧地空手而归了。故事中农夫的行为十分可笑，不过，这种任由别人支配自己行为的事并非只在笑话里出现。现实生活中，很多人在处理类似事情时就像故事里的农夫，人家叫他怎么做，他就怎么做，谁提议，就听谁的。结果只会让大家都有意见，且都不满意。

谁都希望自己在这个社会如鱼得水，但我们不可能让每一个人满意，不可能让每一个人都对我们绽露笑容。通常的情况是，你以为自己照顾到了每一个人的感受，可还是有人对你不满，甚至根本不领情。每个人的利益是不一致的，每个人的立场，每个人的主观感受是不同的，所以我们想面面俱到，不得罪任何人，又想讨好每一个人，那是绝对不可能的！

做人无须在意太多，不必去让每个人满意，凡事只要尽心，按照事情本来的规律去做就好，简简单单地过好自己的生活就行，否则就会像故事中的农夫一样，费尽周折，结果还搞得谁都不满意。

把"我不可能"彻底埋葬

在自然界中,有一种十分有趣的动物,叫作大黄蜂。曾经有许多生物学家、物理学家、社会行为学家联合起来研究这种生物。根据生物学的观点,所有会飞的动物,必然是体态轻盈、翅膀十分宽大的,而大黄蜂这种生物的状况,却正好跟这个理论反其道而行之。大黄蜂的身躯十分笨重,而翅膀却出奇短小,依照生物学的理论来说,大黄蜂是绝对飞不起来的;而物理学家的论调则是,大黄蜂的身体与翅膀的比例,根据流体力学的观点,同样是绝对没有飞行的可能。简单地说,大黄蜂这种生物,是根本不可能飞得起来的。

可是,在大自然中,只要是正常的大黄蜂,却没有一只是不能飞行的,而且它飞行的速度并不比其他飞行昆虫慢。这种现象,仿佛是大自然和科学家们开了一个很大的玩笑。最后,社会行为学家找到了这个问题的答案。很简单,那就是——大黄蜂根本不懂"生物学"与"流体力学"。每一只大黄蜂在它成熟之后,就很清楚地知道,它一定要飞起来去觅食,否则必定会活活饿死!这正是大黄蜂之所以能够飞得那么好的奥秘。

由此可见,这世上没有绝对的"不可能",只要敢于拼搏,一切皆有可能。

谈到"不可能"这个词,我们来看一看著名成功学大师戴尔·卡耐基年轻时用的一个奇特的方法。卡耐基年轻的时候想成为一名作家。要达到这个目的，他知道自己必须精于遣词造句，字典将是他的工具。但由于家里穷，接受的教育并不完整，因此"善意的朋友"就告诉他，说他的雄心是"不可能"实现的。

后来，卡耐基存钱买了一本最好的、最完全的、最漂亮的字典，他所需要的字都在这本字典里，而他对自己的要求是完全了解和掌握这些字。他做了一件奇特的事，他找到"impossible"（不可能）这个词，用小剪刀把它剪下来，然后丢掉。于是他有了一本没有"不可能"的字典。以后他把整个事业建立在这个前提下，那就是对一个要成长，而且要超过别人的人来说，没有任何事情是不可能的。当然，并不是建议你从你的字典中把"不可能"这个词剪掉，而是建议你要从你的脑海中把这个观念铲除掉。谈话中不提它，想法中排除它，态度中去掉它、抛弃它，不再为它提供理由，不再为它寻找借口。把这个词和这个观念永远地抛开，而用光明灿烂的"可能"来代替它。

翻一翻你的人生词典，里面还有"不可能"吗？可能很多时候，在我们鼓起雄心壮志准备大干一场时，有人好心地告诉我们："算了吧，你想得未免也太天真、太不可思议了，那是不可能的事情。"接着我们也开始怀疑自己："我的想法是不是太不符合实际了？那是根本不可能达到的目标。"

假如回到500年前，如果有人对你说，你坐上一个银灰色的东西就可以飞上天；你拿出一个黑色的小盒子就能够跟远在千里之外的朋友说话；打开一个"方柜子"就能看到世界各地发生的事情……你也同样会告诉他"不可能"。但是，今天飞机、手机、电视甚至宇宙飞船都已变成现实了。正如那句老话所说的，"没有做不到，只有想不到"，奇迹在任何时候都可能发生。

综观历史上成就伟业的人，往往并非那些幸运之神的宠儿，而是那些将"不可能"和"我做不到"这样的字眼从他们的字典以及脑海中连根拔起的人。富尔顿仅有一只简单的桨轮，但他发明了蒸汽轮船；在一家药店的阁楼上，迈克尔·法拉第只有一堆破烂的瓶瓶罐罐，但他发现了电磁感应；在美国南方的一个地下室中，惠特尼只有几件工具，但他发明了锯齿轧花机；豪·伊莱亚斯只有简陋的针与梭，但他发明了缝纫机；贫穷的贝尔教授用最简单的仪器进行实验，但他发明了电话。

美国著名钢铁大王安德鲁·卡内基在描述他心目中的优秀员工时说："我们所急需的人才，不是那些有着多么高贵的血统或者多么高学历的人，而是那些有着钢铁般的坚定意志，勇于向工作中的'不可能'挑战的人。"

这是多么掷地有声、发人深省的一句话啊！

每一位在生活中、职场上拼搏并希望获得成功的人，都应该把这句话铭刻在自己的记忆深处！敢于向"不可能"发出挑战，一切皆有可能！

每个人都有自己的路

脸庞因为笑容而美丽，生命因为希望而精彩，倘若说笑容是对他人的友善，那么希望则是对自己的仁慈。有位百岁老人幼时家贫，甚至穷到连饭也吃不饱，但是几十年风风雨雨，他始终对生活充满希望。人生来平等，但所处的环境未必相同。所以，不管我们处于怎样的起点，都应该一如既往地对生活报以热情的微笑。

老人说："大雨天，你说雨总会停的；大风天，你说风总是会转向的；天黑了，你说明天依然会天亮的！这就是心中有希望，有希望就有未来。"

老人小时候，有一次与父亲在河边散步，河面上有一群鸭子，游来游去，自由畅快。他站在岸边，非常羡慕地看着这群与自己水中倒影嬉戏的鸭子。

父亲停下脚步，问道："你从中看到了什么？"

面对父亲的询问，他心中一动，却也不知道如何表达自己的想法。

父亲说："大鸭游出大路，小鸭游出小路，就像是它们一样，每个人都有自己的路可以走。"每个人都有自己的路，即使起点不同、出身不同、家境不同、遭遇不同，也可以抵达同样的顶峰，不过这个过程可能会有所差异，有的人走得轻松，有的人一路崎岖，但无论如何，艳阳高照也好，风雨兼程也罢，只要怀揣着抵达终点的希望，每个人都可以获得自己的精彩。在一个偏僻遥远的山谷里的断崖上，不知何时，长出了一株小小的百合。它刚诞生的时候，长得和野草一模一样，但是，它心里知道自己并不是一株野草。它的内心深处，有一个坚定的念头："我是一株百合，不是一株野草。唯一能证明我是百合的方法，就是开出美丽的花朵。"它努力地吸收水分和阳光，深深地扎根，直直地挺着胸膛，对附近的杂草置之不理。

在野草和蜂蝶的鄙夷下，百合努力地释放内在的能量。百合说："我要开花，是因为知道自己有美丽的花；我要开花，是为了完成作为一株花的庄严使命；我要开花，是由于喜欢用花来证明自己的存在。不管你们怎样看我，我都要开花！"

终于，它开花了。它那灵性的白和秀挺的风姿，成为断崖上最美丽的风景。年年春天，百合努力地开花、结籽，最后，这里被称为"百合谷地"。因为这里到处是洁白的百合。暂时的落后一点都不可怕，自卑的心理才是最可怕的。人生的不如意、挫折、失败对人是一种考验、是一种学习、是一种财富。我们要牢记"勤能补拙"，既能正确认识自己的不足，又能放下包袱，以最大的决心和最顽强的毅力克服这些不足，弥补这些缺陷。

人的缺陷不是不能改变，而是看你愿不愿意改变。只要下定决心，讲究方法，就可以弥补自己的不足。

在不断前进的人生道路中，凡是看得见未来的人，都能掌握现在，因为明天的方向他已经规划好了，知道自己的人生将走向何方。留住心中的希望种子，相信自己会有一个无可限量的未来，心存希望，任何艰难都不会成为我们的阻碍。只要怀抱希望，生命自然会充满激情与活力。

你的独立，就是你的底气

在遇到困难的时候，依赖别人不如依靠自己，因为只有自己最清楚自己的境遇，只有自己最了解自己。

很多人处于不利的困境，总期待借助别人的力量去改变现状。

殊不知，在这个世界上，最可靠的人不是别人，而是你自己，你想着依赖别人，怎么不想着依靠自己呢？

美国总统约翰·肯尼迪的父亲从儿子小就注意对他独立性格和精神状态的培养。有一次他赶着马车带儿子出去游玩。在一个拐弯处，因为马车速度很快，猛地把小肯尼迪甩了出去。当马车停住时，儿子以为父亲会下来把他扶起来，但父亲却坐在车上悠闲地掏出烟吸起来。

儿子叫道："爸爸，快来扶我。"

"你摔疼了吗？"

"是的，我感觉自己站不起来了。"儿子带着哭腔说。

"那也要坚持站起来,重新爬上马车。"

儿子挣扎着自己站了起来,摇摇晃晃地走近马车,艰难地爬了上来。

父亲挥动着鞭子问:"你知道为什么让你这么做吗?"

儿子摇了摇头。

父亲接着说:"人生就是这样,跌倒、爬起来、奔跑,再跌倒、再爬起来、再奔跑。在任何时候都要全靠自己,没人会去扶你的。"

从那时起,父亲就更加注重对儿子的培养,如经常带着他参加一些大的社交活动,教他如何向客人打招呼、道别,与不同身份的客人应该怎样交谈,如何展示自己的精神风貌、气质和风度,如何坚定自己的信仰,等等。有人问他:"你每天要做的事情那么多,怎么有耐心教孩子做这些鸡毛蒜皮的小事?"

谁料约翰·肯尼迪的父亲一语惊人:"我是在训练他做总统。"

每个人对别人都有一种依赖性,在家依赖父母,依赖爱人,在外依赖朋友,依赖同事。然而,生活中最大的危险,就是依赖他人来保障自己。将希望寄托于他人的帮助,便会形成惰性,失去独立思考和行动的能力;将希望寄托于某种强大的外力上,意志力就会被无情地吞噬掉。

知道自己有多美好，无须要求别人对你微笑

多年以来，在我们的教育中，个人总是被否定的那一个："面对他人，我不重要，为了他人能开心，只能牺牲自己的开心；面对自己，我也不重要，这个世界上，少了我就如同少了一只蚂蚁，没有分量的我，又有什么重要？"但是，作为独一无二的"我"，真的不重要吗？不，绝不是这样，"我"很重要。

当我们对自己说出"我很重要"这句话的时候，"我"的心灵一下子充盈了。是的，"我"很重要。

"我"是由无数星辰、日月、草木、山川的精华汇积而成的。只要计算一下我们一生吃进去多少谷物、饮下了多少清水，才凝聚成这么一个独一无二的躯体，我们一定会为那数字的庞大而惊讶。世界付出了这么多才塑造了这样一个"我"，难道"我"不重要吗？

你所做的事，别人不一定做得来，而且，你之所以为你，必定是有一些特殊的地方——我们姑且称之为特质吧！而这些特质又是别人无法模仿的。

既然别人无法完全模仿你，也不一定做得来你能做得了的事，试想，他们怎么可能取代你的位置来替你做些什么呢？所以，你必须相信自己。

况且，每个来到这个世上的人，都是上帝赐给人类的礼物，上帝造人时即已赋予了每个人与众不同的特质，所以每个人都会以独特的方式与他人互动，进而感动别人。要是你不相信的话，不妨想想：有谁的基因会和你完全相同？有谁的个性会和你丝毫不差？

由此，我们相信，我们存在于这世上的目的，是别人无法取代的。相信自己很重要。"我很重要。没有人能替代我，就像我不能替代别人。"

生活就是这样的，无论是有意还是无意，我们都要对自己有信心。不要总是拿自己的短处去对比人家的长处，却忽视了自己也有别人所不及的地方。自卑是心灵的腐蚀剂，自信却是心灵的发电机。所以，我们无论身处何境，都不要让自卑的冰雪侵蚀心灵，而应燃烧自信的火炬，始终相信自己是最优秀的，这样才能挖掘生命的潜能，去创造无限美好的生活。

也许我们的地位卑微，也许我们的身份渺小，但这丝毫不意味着我们不重要。重要并不是伟大的同义词，它是心灵对生命的允诺。人们常常从成就事业的角度，断定自己是否重要。但这并不应该成为标准，只要我们在时刻努力着，为光明奋斗着，我们就是无比重要的，不可替代的。

让我们昂起头，对着我们这颗美丽的星球上无数的生灵，响亮地宣布：我很重要。

面对这么重要的自己，我们有什么理由不爱自己呢！

人生有多残酷，你就该有多坚强

成就平平的人往往是善于发现困难的"天才"，他们善于在每一项任务中都看到困难。他们莫名其妙地担心前进路上的困难，这使他们勇气尽失。他们对于困难似乎有惊人的"预见"能力。

一旦开始行动，他们就开始寻找困难，时时刻刻等待着困难的出现。当然，最终他们发现了困难，并且被困难击败。这些人似乎戴着一副"有色眼镜"，除了困难，他们什么也看不见。他们前进的路上总是充满了"如果""但是""或者""不能"。这些东西足以使他们止步不前。

一个向困难屈服的人必定会一事无成，很多人不明白这一点。

一个人的成就与他战胜困难的能力成正比。他战胜越多别人所不能战胜的困难，他取得的成就也就越大。如果你足够强大，那么困难和障碍会显得微不足道；如果你很弱小，那么障碍和困难就显得难以克服。有的人虽然知道自己要追求什么，却畏惧成功道路上的困难。他们常常把一个小小的困难想象得比登天还难，一味地悲观叹息，直到失去了克服困难的机会。那些因为一点点困难就止步不前的人，与没有任何志向、抱负的庸人无异，他们终将一事无成。

成就大业的人，面对困难时从不犹豫徘徊，从不怀疑自己克服困难的能力，他们总是能紧紧抓住自己的目标。对他们来说，自己的目标是伟大而令人兴奋的，他们会向着自己的目标坚持不懈地攀登，而暂时的困难对他们来说则微不足道。伟人只关心一个问题："这件事情可以完成吗？"而不管他将遇到多少困难。只要事情是可能的，所有的困难就都可以克服。

总会有一些自己给自己制造障碍的人。如果一切事情都依靠这类人，结果就会一事无成。如果听从这类人的建议，那么一切造福这个世界的伟大创造和成就将不会存在。

一个会取得成功的人会看到困难，却从不惧怕困难，因为他相信自己能战胜这些困难，他相信一往无前的勇气能扫除这些障碍。有了决心和信心，这些困难又能算得了什么呢？对拿破仑来说，阿尔卑斯山算不了什么。并非阿尔卑斯山不可怕，冬天的阿尔卑斯山几乎是不可翻越的，但拿破仑觉得自己比阿尔卑斯山更强大。

虽然在法国将军们的眼里，翻越阿尔卑斯山太困难了，但是他们那伟大领袖的目光早已越过了阿尔卑斯山上的终年积雪，看到了山那边碧绿的平原。

乐观地面对困难，多一些快乐，少一些烦恼，你会惊奇地发现，这不仅会使你的工作充满乐趣，还会让你获得幸福。你会发现，自己成了一个更优秀、更完美的人。你用充满阳光的心灵轻松地去面对困难，就能保持自己心灵的和谐。而有的人却因为这些困难而痛苦，失去了心灵的和谐。

你怎样看待周围的事物完全取决于你自己的态度。每一个人的心中都有乐观向上的力量，它使你在黑暗中看到光明，在痛苦中看到快乐。每一个人都有一个水晶镜片，可以把昏暗的光线变成七色彩虹。

夏洛特·吉尔曼在《一块绊脚石》中描述了一个登山的行者在登山时突然发现一块巨大的石头摆在他的面前，挡住了他的去路。他悲观失望，祈求这块巨石赶快离开。但它一动不动。他愤怒了，大声咒骂，他跪下祈求它让路，它仍旧纹丝不动。行者无助地坐在这块石头前，突然间他鼓起了勇气，最终解决了困难。用他自己的话说："我摘下帽子，拿起我的手杖，卸下我沉重的思想负担，径直向着那可恶的石头冲过去。不经意间，我就翻了过去，好像它根本不存在一样。如果我们下定决心，直面困难，而不是畏缩不前，那么，大部分的困难就根本不算什么困难。"

第二章
武装你的心，消除内心不够强大的因素

自负阻碍成功

　　自负心理就是盲目自大,不切实际地高估自己的能力,以致失去自知。自负者通常以自我为中心,孤傲、自大是他们惯有的常态,但是自负最终会让人付出惨重的代价。所以,只有阔别自负从孤芳自赏中清醒过来,才能开创人生辉煌。

　　许多人总是把自负当成是激励自己继续努力和赖以为生的精神动力,事实上,自负是一种精神与心灵上的盲目。

　　纵观历史,一些成功人士的失败,无不源于在成就面前的忘乎所以、我行我素、目空一切。

　　被人称为"美国之父"的本杰明·富兰克林,少年得志、豪情满怀、意气风发。他的表现、风度自然也是挺胸阔步、昂首视人。

　　一位爱护他的老前辈意识到,一位有成就的普通人如此表现无可厚非,但作为国家领导人,这样很危险。于是他将富兰克林约出来,地点选在一所低矮的茅屋。富兰克林习惯于昂首阔步、大步流星,于是一进门只听"嘭"的一声,他的额头顿时起了一个大包,痛得连声叫喊。

　　迎出来的老前辈说:"很疼吧!对于习惯仰头走路的人来说,

这是难免的。"富兰克林终于有所领悟。

俗话说："满招损，谦受益。"骄傲自大的人，常因"鼻孔朝天"而四处碰壁，谦虚的人却能时刻保持谨慎诚恳的姿态，踏踏实实地走稳人生之路。

"满"不是自我张扬，"谦"也不是自我压抑，最关键的是站在成功面前，以一颗平和的心面对未来，只有这样，才能把自己的成就保持长久。世人皆知的爱迪生的晚年经历也许能给我们一些启发。

当初那个锐意进取的爱迪生，到了晚年曾说过一句令人目瞪口呆的话："你们以后不要再向我提出任何建议。因为你们的想法，我早就想过了！"于是悲剧开始了。

爱迪生辉煌的人生在接近尾声时栽了一个致命的大跟头，而且再也没能爬起来，成了他一生挥之不去的败笔。

是什么使爱迪生前后判若两人？是什么毁了一个功成名就的伟人？在逆境中，爱迪生保持了惊人的毅力与良好的心态；在顺境中，他却像历史上很多伟人一样，沉浸在自己的成就中，变得狂妄、轻率而固执。从那一刻起，他前半生积累的一切成就，全部变成了负数，阻碍了社会进步，也毁了自己的一世英名。

不要相信能人会永远英明，古今中外的很多伟人都难逃"成功—自信—自负—狂妄—轻率—惨败"的怪圈。真正聪明的人，总是在为事业奠定了物质和制度基础后，平视自己的成就，平视周围的人，而不是仰视成就、俯视周围的人和事，只有这样的人才可能事业常青。

俄国作家契诃夫曾说:"人应该谦虚,不要让自己的名字像水塘上的气泡那样一闪就过去了。"即使你拥有广博的知识、高超的技能、卓越的智慧,但如果没有谦虚镶边的话,你就不可能取得灿烂夺目的成就。你要永远记住:"伟人多谦逊,小人多骄傲。太阳穿一件朴素的光衣,白云却披了灿烂的裙裾。"

谦逊就像跷跷板,你在这头,对方在那头。只要你谦逊地压低了自己这头,对方就高了起来,而这最终会为你打开成长之门。

有人问苏格拉底是不是生来就是超人,他回答说:"我并不是什么超人,我和平常人一样。有一点不同的是,我知道自己无知。"这就是一种谦卑。无怪乎,古罗马政治家和哲学家西塞罗会说:"没有什么能比谦虚和容忍更适合一位伟人。"

有一颗谦逊的心是自觉成长的开始,也就是说,在我们承认自己并不知道一切之前,不会学到新东西。许多年轻人都有这种通病,他们只学到了一点点,却自以为已经学到一切。他们的心关闭起来,再没有东西进得去,他们以为自己是万事通,而这恰恰是他们所犯的最严重的错误。

达·芬奇曾经说过:"浅薄的知识使人骄傲,丰富的知识则使人谦逊,所以空心的禾穗高傲地举头向天,而充实的禾穗则低头向着大地,向着它们的母亲。"谦逊不仅是一种美德,还是你无往不胜的要诀,因为谦恭、温和的态度常常会使别人难以拒绝你的要求，这也是巨大收获的开始。正如亚里士多德所说："对上级谦恭是本分，对平辈谦逊是和善，对下级谦逊是高贵，对所有的人谦逊是安全。"

西方哲学家卡莱尔说："人生最大的缺点，就是茫然不知自己还有缺点。"因为一个人只知道自我陶醉，一副自以为是、唯我独尊的态度，殊不知这种态度会遭到多数人的排斥，使自己处于不利地位。

事实上，谦逊是通往进步之门的钥匙。没有谦逊，我们就会太过自满；没有谦逊，我们就不会睁大双眼满怀好奇地去探索新的领域。如果我们不能保持谦逊的态度，或许我们就不愿承认错误，也就找不出解决问题的方法。谦逊，是我们对人类文明的未来以及我们在其中所处的地位表示关注的应有心态，也是那些对世间一切事物不肯放任自流，希冀以奋斗不息的努力实现在地球上建成人间乐土的人们应有的心态。

浮躁断送美好前程

生活的快节奏、工作的压力容易使人心境失衡，患得患失。生活中，无论是名不见经传的普通人，还是声名显赫的企业家，都很容易在浮躁的心理下心力交瘁或迷惘躁动，最终半途而废。

所以我们一定要戒除浮躁心理，才能练就每个人各自的"仙丹"。

浮躁，乃轻浮急躁之意。一个人如果有轻浮急躁的缺点，那么什么事情也干不成。

在现实生活中，常有人犯浮躁的毛病。他们做事情往往既无准备，又无计划，只凭脑子一热、兴头一来就动手去干。他们不是循序渐进地稳步向前，而是恨不得一锹挖出一眼井、一口吃成胖子。结果呢，必然是事与愿违、欲速不达。

传说古时候有兄弟二人，很有孝心，每日上山砍柴卖钱为母亲治病。神仙为了帮助他们，便教他们二人，可用四月的小麦、八月的高粱、九月的稻、十月的豆、腊月的雪，放在千年泥土做成的大缸内密封49天，待鸡叫三遍后取出，汁水可卖钱。兄弟二人各按神仙教的办法做了一缸。待到49天鸡叫二遍时，老大耐不住性子打开缸，一看里面是又臭又黑的水，便生气地将水洒在地上。老二坚持等到鸡叫三遍后才揭开缸盖，里边是又香又醇的酒，所以"酒"与"洒"字差了一横。

当然，酒字的来历未必是这样的，但这个故事却说明了一个深刻的道理：成功与失败，平凡与伟大，往往没有多大的距离，就在一步之间。咬紧牙关向前迈一步就成功了；停住了，泄气了，只能是前功尽弃。这一步就是韧劲儿的较量，是意志力的较量。

从前有一个年轻人想学剑法。于是，他就找到一位当时武术界最有名气的老者拜师学艺。老者把一套剑法传授与他，并叮嘱他要刻苦练习。一天,年轻人问老者:"我照这样练习,需要多久才能够成功呢?"老者答:"3个月。"年轻人又问:"我晚上不睡觉来练习,需要多久才能够成功?"老者答:"3年。"年轻人吃了一惊,继续问道:"如果我白天黑夜都练剑,吃饭走路也想着练剑,又需要多久才能成功?"老者微微笑道:"30年。"年轻人愕然……

年轻人练剑如此,我们生活中要做的许多事情同样如此。切勿浮躁,遇事除了要用心用力去做,还应顺其自然,才能够成功。

古人云:"锲而不舍,金石可镂;锲而舍之,朽木不折。"成功人士之所以成功的重要秘诀就在于,他们将全部的精力和心力放在了同一目标上。许多人虽然很聪明,但心存浮躁,做事不专一,缺乏意志和恒心,到头来只能是一事无成。你越是急躁,便会在错误的思路中陷得越深,也越难摆脱痛苦。

很多时候,我们的内心都为外物所遮蔽、掩饰,浮躁占据了我们的整颗心,因此在人生中留下许多遗憾。在学业上,由于我们还不会倾听内心的声音,因此盲目地选择别人为我们选定的、他们认为最有潜力与前景的专业;在事业上,我们故意不去关注内心的声音,在一哄而起的热潮中,我们也去选择那些最为众人看好的热门职业;在爱情上,我们常因外界的作用忽略了内心的声音,因经济、地位等非爱情因素而错误地选择了伴侣……我们都是现代人,现代人惯于为自己做各种周密而细致的盘算,权衡着可能有的各种收益与损失,然而我们唯一忽视的,便是去听一听自己内心的声音。

一位长者问他的学生:"你心目中的人生美事为何?"学生列出"清单"一张:健康、才能、美丽、爱情、名誉、财富……谁料老师不以为然地说:"你忽略了最重要的一项——心灵的宁静,没有它,上述种种都会给你带来可怕的痛苦!"

唯有拥有宁静的心灵,才会不眼热权势显赫,不奢望金银成堆,不乞求声名鹊起,不羡慕美宅华第,因为所有的眼热、奢望、乞求和羡慕,都是一厢情愿,只能加重生命的负荷,加剧心力的浮躁,从而与豁达快乐无缘。

任何一项成就的取得,都是与勤奋和努力分不开的,心浮气躁、急于求成根本于事无补,要想成功,必须得静下心来,认认真真地干。只要我们功夫做到家,自然能取得令人满意的结果。

冲动是生活中的隐形地雷

每个人都有冲动的时候,尽管冲动是一种很难控制的情绪。但不管怎样,你一定要牢牢控制住它。否则一点细小的疏忽,就可能贻害无穷。

培根说:"冲动,就像地雷,碰到任何东西都一同毁灭。"如果你不注意培养自己冷静理智、心平气和的性情，培养交往中必需的沉着，一旦碰到"导火线"就暴跳如雷、情绪失控，这样会把你最好的人生全都炸掉，最后让自己陷入自戕的囹圄。

南南的爸爸妈妈大吵了一架，起因是妈妈放在自己外套里的300元钱不见了，妈妈认定是爸爸拿的，爸爸却不承认。下班后，爸爸直接去保姆家接南南，保姆一边帮南南穿衣服，一边说："昨天我给南南洗衣服，从她口袋里找出300元钱，都被我洗湿了，晾在……"没等保姆把话说完，爸爸立刻就把南南拽了过去，狠狠打了她两个耳光，南南的嘴角立刻流出了血。"你竟敢偷钱！害得我和你妈妈大吵了一架，这样坏的孩子不要算了！"他丢下南南掉头就走了。南南根本不知道发生了什么事，只觉得脸很痛，就哭了起来。保姆对南南妈妈说："你家先生也太急躁了，不等我把话说完就打孩子，这么小的孩子哪知道偷钱啊！300元钱对她来说就是几张花纸，一定是她拿着玩时顺手放到口袋里的。"南南被妈妈抱回家，却总是不停哭闹，妈妈只好带她去医院做检查。

检查结果让夫妻俩完全呆住了：孩子的左耳完全失去听力，右耳只有一点听力，将来得戴助听器生活。由于失去听力，孩子的平衡感会很差，同时她的语言表达能力也将受到严重影响。

南南爸爸痛不欲生，他一时冲动打出的两个巴掌竟然毁了女儿的一生，他永远也无法原谅自己，并将终生背负着对女儿的愧疚。

冲动的行为害人害己，这个事件就是一个很好的例证。

冲动是生活中的隐形地雷，我们应学会调控自己的情绪，尽量避免冲动带来的不良后果。

生活中，大多数成功者，都是对情绪能够收放自如的人。这时，情绪已经不仅是一种感情的表达，更是一种重要的生存智慧。如果控制不住自己的情绪，随心所欲，就可能带来毁灭性的灾难。情绪控制得好，则可以让你化险为夷。

所以，你要学会控制自己的冲动，学会审时度势，千万不能放纵自己。每个人都有冲动的时候，尽管冲动是一种很难控制的情绪。但不管怎样，你一定要牢牢控制住它。否则一点细小的疏忽，就可能贻害无穷。

许多人因缺乏自我控制能力，不能时刻保持冷静沉着，情绪因为毫无节制而躁动不安，因为不加控制而浮沉波动，因为焦虑和怀疑而饱受摧残。

只有冷静的人，才能够控制自己的情绪，才可以"修成正果"。

禅师正在打坐，这时来了一个人。他猛地推开门，又"砰"地关上门。他的心情不好，所以就踢掉鞋子走了进来。

禅师说："等一下！你先不要进来，先去请求门和鞋子的宽恕。"

那人说："你说些什么呀？你的话太荒唐了！我干吗要请求门和鞋子的宽恕啊？这真叫人难堪……那双鞋子是我自己的！"

禅师又说："你出去吧，永远不要回来，你既然能对鞋子发火，为什么不能请它们宽恕你呢？你发火的时候一点也没有想到对鞋子发火是多么的愚蠢。如果你能同冲动相联系，为什么不能同爱相联系呢？关系就是关系，冲动是一种关系。当你满怀怒火地关上门时，你便与门发生了关系，你的行为是错误的，是不道德的，那扇门并没有对你干什么事。你先出去求门和鞋子的原谅，否则就不要进来。"

禅师的话像一道闪电，那人开始领悟了。

于是，他先出去了。也许这是他一生中的第一次，他抚摸着那扇门，泪水夺眶而出。当他向门和自己的鞋子鞠躬时，他的身心发生了巨大的变化。

禅师的话起到了醍醐灌顶的作用，的确，没有平和的心态，一味地冲动是无法走向成功的。冲动是指在理性不完整的状况下的心理状态和随之而来的一系列恶性行为，冲动的正面是冷静，冷静的本质又是理智，只有理智的人才能真正驾驭自己的人生。一个人只有在理性的指导下才能拥有平安稳定的一生。

摆脱焦虑的绳索

焦虑是人生的毒药，是滋生无数不幸的温床。有时我们可能已经极度失望，挣扎在痛苦中寻求一些幸福的希望，那么为什么还要纵容焦虑来扰乱我们的心灵呢？只有告别焦虑，你才能开创新生活。

在如今这个快节奏的社会里，升学就业、职位升降、事业发展、恋爱婚姻、名誉地位，种种事情使人们承受着巨大的心理压力。由此产生焦虑情绪，造成心神不宁、焦躁不安，严重影响人们的工作和生活。发生焦虑的原因有时候匪夷所思、出人意料。

1. 守规焦虑

遵纪守法、照章办事，理所当然，又有什么好焦虑的呢？但是在某些场合，守规焦虑就在所难免。

我们不妨先看两个例子：一是"人行道焦虑"——过马路走人行道，应该是无忧无虑的吧？但当奔驰的车辆对人行道上的行人并不礼让，朝你直冲过来时，你敢走人行道吗？二是"排队焦虑"——当你老老实实地排着长队，等着购物、购票时，有人却在前面夹塞、在后门另排小队，也许你等上大半天都在候补之列，也许轮到你的时候什么都没有了，你心里紧张不紧张？

2. 付账焦虑

当几个熟人一起坐车、聚餐时，大家抢着购票、付账是司空见惯的场景。但是，这种争先恐后恐怕有真有假，有些场合是出于真情实意、心甘情愿地要为他人付账；有些场合则多少有点虚情假意，只是不得不做做样子。虽说如今AA制在青年中已流行开来，但一般人还是不习惯这种"分得太清"的方式，觉得既然是"熟人"，就不能太"生分"，为了表示热情主动、不分彼此，就该抢先付账，否则显得不够交情，甚至有爱占别人便宜之嫌，但如果"抢付"成功，内心又不免有点担忧：这份人情，别人会及时还吗？因此，抢付时不免"进亦忧，退亦忧"，心里面紧张一番。

3. 催账焦虑

如果请你想象一下催账人、讨债人的形象，十有八九在你的脑海中绝不会浮现出一个和蔼可亲的面目，而极有可能联想到《白毛女》一类的电影中地主逼租的镜头。其实，向人讨账并非"黄世仁""南霸天"的专利，你自己在日常生活中恐怕也难免遇到需要向人催账的事情，但是"催账焦虑"也许最终使你没能开口。

4. 点钱焦虑

有些人一碰到钱，就显得很马虎大意，从别人手中接钱时（如领工资、取买东西找回的余款），尤其是从熟人、好友手中接钱时往往看都不看，一把塞进口袋里。待回家查点对不上数，便只好自认倒霉或者闹出不小的矛盾。其实，在这种"马虎"的背后，有一种"点钱焦虑"在作怪：不点不放心，点又显得太多心。当面一五一十地核点，似乎太不信任对方，二人都不免有点难堪，说不定还会因此影响朋友之间的交情；不当面点清，一旦有差错，事后再查就说不清、道不明了。点也不是，不点也不是，自然免不了一番焦虑。

5. 诚信焦虑

中国民间流传的告诫人们如何为人处世的人生格言非常多，但在它们中间又有不少相互矛盾的说法。例如，一方面提倡"以诚待人""以心换心"，另一方面又鼓吹"防人之心不可无""逢人只说三分话，未可全抛一片心"。如果人们同时接受了这两种截然相反的格言，在实际生活中就难免产生"诚信焦虑"——不信任别人，不以诚相待，就会感到一种道德压力；反之，又担心被人利用。

形形色色的焦虑充斥人们的生活，不胜枚举，它们像细菌一样侵蚀人们的灵魂和机体，妨碍人们的正常生活，影响人们的身心健康。所以，走向生活，应该从拒绝焦虑开始。

古时候，残忍的将军要折磨俘虏时，常常把俘虏的手脚绑起来，放在一个不停往下滴水的袋子下面，水滴着……滴着……夜以继日，最后，这些不停滴落在头上的水，变成好像是用锤子敲击的声音，使俘虏精神失常。这种折磨人的方法，以前西班牙宗教法庭和希特勒手下的纳粹集中营都曾经使用过。

焦虑就像不停往下滴的水，而那不停地往下滴的焦虑，通常会使人神志失常，使人生变得灰暗。

有一个已到知天命之年的老人得了一种怪病——她一听到"饿"字，马上就"饿得前胸贴后背"，哪怕两小时前她刚吃过饭。她一天吃十多顿饭，但依然感觉饥肠辘辘。

她退休后不久，就陷入饥饿感中。"感到饿就吃，才吃一点马上就不饿了，过一会儿，又感到饿。"她说，随着时间的推移，饥饿感的频率和强度不断加强。"吃完饭不到两小时,就又饿得心慌,一听到别人说饿,马上就觉得自己腹中空空,就是晚上,也要爬起来吃上三四顿饭。"她痛苦极了。

她四处求医,有医生认为她患了胃溃疡,但检查结果是一切正常。

日子一天天过去,她的饥饿感越来越强烈,已经达到了只要别人一说"饿"字,她就会焦虑得"头发都竖立起来"的状态。她到心理医生那里看病时,还随身携带了方便面、方便粉丝等食品,只要一饿,马上就吃。这一天她吃了13顿饭。

经过心理专家诊断,她患的是非常严重的焦虑障碍,主要是对"饿"很敏感,产生了焦虑心理。这也与她一饿就吃,一吃就饱,每次食量只有一点点有关。

确诊后,心理卫生中心的专家用特殊治疗方案对她进行治疗。一周后,她的饥饿感不再那么强烈;两周后,饥饿感得到初步缓解;到了第三周,她和"饥肠辘辘"的日子彻底拜拜了。

专家指出,这种病是心理原因所致,因此,保持一个良好的心态非常重要。

其实,你没有理由焦虑,因为痛苦和沮丧对你而言并不是一种甜蜜的享受。所以今天就下定决心与焦虑决裂吧。彻底消除生活中的焦虑,会使你获得一种全新的自由感受。

战胜焦虑的方法之一是客观冷静地分析评估你所处的境遇,确定和估计一下可能发生的最糟糕的结果是什么。通过分析,你会发现最坏的结果并没有糟到山崩地裂、地球爆炸的程度，而如果坏事一旦真的发生，你也可以承受它。有意思的是，我们预先担忧的事通常不会发生。就算不幸真的发生了，也往往没有预计中的可怕，损失也并不那么惨重。其实大灾大祸在你身上发生的概率微乎其微，人们总是习惯花很多时间和精力去担忧也许永远不会发生的事，其实这真是杞人忧天，完全没有必要的。如果你能冷静接受你所遭遇的每一件事，你就没有必要去焦虑。

空虚，生命难以承受之轻

　　空虚是心灵的一张网，任凭你怎样挣扎，依然牢牢地把你捆绑。空虚又像一幕浓雾，久郁不散，四处弥漫。空虚没有味道，没有颜色，就像空气一样，永远存在，深深一吸就充溢整个胸腔。空虚是生命难以承受之轻，只有驱遣空虚，我们才能更真实地面对自己，面对生活。

　　空虚是一种无奈，是没有依靠，找不到人生的支撑点，是一种漂浮不定的状态。空虚的前提是闲，倘若生活充实、目标明确，则不太容易空虚。孔子曰："饱食终日，无所用心，难矣哉！"这实在是有仇无敌的难受。一身的力气，不知道该干什么，真是难熬。周国平说："无聊生于目的与过程的分离，乃是一种对过程疏远和隔膜的心情。"但这种无聊是短暂的，更多的时候，我们是既无目标又无过程，是一种十足的百事无心、茫无出路，是被充分的时间困惑着的，是拥有巨大时间财富而无兑换物的痛苦。

人生若无寄托，则必陷入空虚。袁宏道在写给李子髯的信中说："人情必有所寄，然后能乐；故有以弈为寄，有以色为寄，有以技为寄，有以文为寄。古之达人，高人一层，只是他情有所寄，不肯浮泛虚度光景。每见无寄之人，终日忙忙，如有所失，无事而忧，对景不乐，即自家亦不知是何缘故，这便是一座活地狱，更说什么铁床铜柱刀山剑树也！"

我们可以忍得了寂寞，却往往受不了空虚。寂寞较之于空虚，常常显示出诗的品质，所以寂寞时可以读诗，而空虚时只可读读小说。汉魏乐府、唐诗宋词，其所呈现的审美意趣，绝不是空虚者所能把玩的；而宋元话本、唐代传奇，则可开解无聊，化释空虚。

罗素说："人的空虚之感只是在人的天然的需要容易满足的情况下产生的。人这个动物，正如别的动物一样，适宜做各种各样的生存斗争。一旦人依凭了大量的财富，毫不费力地满足了他所有的欲望，快乐的要素就会随着他的努力一起向他告别……缺少你所向往的某种东西，是人生快乐不可缺少的一个条件。"

总而言之，生活就是这样，空虚生寂寞，寂寞生无聊，无聊生是非，它们合伙将人生窒息。

生活中经常会听到一些人长吁短叹：虽然工作、学习都很紧张，但依然感到生活空虚无聊，内心十分寂寞。当社会价值多元化导致人们无所适从时，就容易产生这种空虚感。

为了排除愁绪，摆脱寂寞，有人借酒，也有人用烟，还有人寻找刺激，但这些都是愚蠢的方法，并不能填补心中的空虚。精神空虚是一种社会病，它的存在极为普遍，当失去精神支柱或社会价值多元化导致某些人无所适从时或者个人价值被抹杀时，就极易出现这种病态心理。我们要做的只有让自己的内心充实。为此我们可以做到以下几点。

1. 调整我们当前的目标

空虚心态往往是在两种情况下出现的：一是胸无大志，二是目标不切实际，使自己因难以实现目标而失去动力。因此，摆脱空虚必须根据自己的实际情况，及时调整生活目标，从而调动自己的潜力，充实生活内容。

2. 找朋友聊天或寻求社会帮助

当一个人失意或彷徨时，特别需要有人给予力量和支持，予以同情和理解。和朋友适当地聊天、沟通，及时发现空虚的原因，化解空虚和寂寞。

3. 博览群书

读书是填补空虚的良方，读书能使人找到解决问题的钥匙，使人从寂寞与空虚中解脱出来。读书越多，知识越丰富，生活也就越充实。

4. 忘我地工作

劳动是摆脱空虚的极好措施。当一个人集中精神、全身心投入工作时，就会忘却空虚带来的痛苦与烦恼，并从工作中体会到自身的社会价值，使人生充满希望。

5. 目标转移

当某一种目标受到阻碍难以实现时，不妨进行目标转移，比如从学习或工作以外培养自己的业余爱好（绘画、书法、打球等），使心情平静下来。当一个人有了新的兴趣之后，就会产生新的追求；有了新的追求，就会逐渐完成生活内容的调整，并从空虚状态中解脱出来，迎接丰富多彩的新生活。

抑郁是精神的锁链

抑郁被称为"心灵流感"。作为现代社会的一种普遍情绪，抑郁并没有引起人们足够的重视，然而较长时间的抑郁会让人悲观失望、心智丧失、精力衰竭、行动缓慢。患了抑郁症的人长期生活在阴影中无法自拔，只有积极调整自己的心态，才能走出抑郁的阴霾，重见灿烂的阳光。

人在不同时期，拥有不同的心态，而心态的不同，会导致不同的人生经历。大多数人都可能曾经或轻或重地陷入抑郁。抑郁是一种很复杂的情绪，是痛苦、愤怒、焦虑、悲哀、自责、羞愧、冷漠等情绪复合的结果。它是一种广泛的负面情绪，又是一种特殊的正常情绪。抑郁超过了正常界限就畸变为抑郁症，成了病态心理。由于每个人的心理素质不同，所以抑郁有时间长短、程度强弱之分。

对于抑郁的人，所有的怜悯都不能穿透那面把他和世人隔开的墙壁。在这封闭的墙内，不仅拒绝别人哪怕是极微小的帮助，而且还用各种方式来惩罚自己。在抑郁这座牢狱里，拥有抑郁的人同时充当了双重角色：受难的囚犯和残酷的罪人。正是这种特殊的心理屏障——"隔离"，把抑郁感和通常的不愉快感区别开来。

抑郁困扰世人已经有很长一段时间了，早在两千多年前的著作中就曾有人提及抑郁症患者。

作为美国的第16任总统，林肯也经历过抑郁的困扰："现在我成了世上最可怜的人。如果我个人的感受能平均分配到世界上每个家庭中，那么，这个世上将不会再有一张笑脸。我不知道自己能否好起来，我现在这样真是很无奈。对我来说，或者死去，或者好起来，别无他路。"

心情低落是抑郁症的主要表现。抑郁症属于心理学的范畴，却不单纯表现为心理问题，还可能诱发一些躯体上的相关症状，比如口干、便秘、恶心、憋气、出汗、性欲减退等，女性患者可能会出现闭经等症状。

抑郁症的具体症状表现有：常常不由自主地感到空虚，为一些小事感到苦闷、愁眉不展；觉得生活没有价值和意义，对周围的一切都失去兴趣，整天无精打采；非常懒散，不修边幅，随遇而安，不思进取；长时间的失眠，尤其以早醒为特征，醒后难以再次入睡；经常惴惴不安，莫名其妙地感到心慌；思维反应变得迟钝，遇事难以决断，行动也变得迟缓；敏感而多疑，总是怀疑自己有大病，虽然不断进行各种检查，但仍难排除其疑虑；经常感到头痛，记忆力下降，总是感觉自己什么也记不住；脾气古怪，常常因为他人一句不经意的话而生气，感觉周围的人都在和自己作对；总是感到自卑，对自己所做的错事耿耿于怀，经常内疚自责，对未来没有自信；食欲不振，或者暴饮暴食，经常出现恶心、腹胀、腹泻或胃痛等状况，但是检查时又没有明显的症状；经常感到疲劳，精力不足，做事力不从心；变得冷酷无情，不愿意和他人交往，酷爱一个人的空间，甚至自己的父母都难以与其进行交流，害怕他人会伤害自己；对性生活失去兴趣，甚至会厌恶，觉得很恶心；常常有自杀的念头，认为自杀是一种解脱。

抑郁症患者的人生态度通常很消极。正是由于抑郁使人丧失了自尊与自信，总是自我责备、自我贬低，无论对环境对自我，都不能积极地对待；对环境压力总是被动地接受而不能积极地控制，更谈不上改造；对自我也总感到难以主宰而随波逐流。于是在人生征程上没有理想与期待，只有失望与沮丧。总感到茫然无助，陷入深重的失落感而难以自拔，对一切都难以适应，只能退缩回避。我们周围常常有这类人，当生活环境发生重大变化而呈现出巨大反差时，当人生之旅出现一些变故、遇到一些挫折时，或者仅仅是环境不如意时，便精神不振、心神不定，百无聊赖而焦躁不安，不思茶饭更无心工作，甚至不想生活，整个人跌入消极颓丧中。

抑郁是禁锢人心灵的枷锁，困扰着人们，使人不能在现实的世界中调适自我，只能渐渐退缩到自我的小天地里逃避抑郁。

为了使我们的生活永远充满阳光，为了使我们有一个健康向上的心理，人们曾费尽心思地寻找克服抑郁的药方。

温兹洛夫指出，最有效的办法是从事可振奋情绪的活动：观看让人振奋的运动比赛，看喜剧电影，阅读让人精神振奋的书。不过值得注意的是：有些活动本身就会让人沮丧，比如，研究发现，长时间看电视通常会陷入情绪低潮。

科学家发现，有氧舞蹈是摆脱轻微抑郁或其他负面情绪的最佳方式之一。不过这也要看对象，效果最好的是平常不太运动的人。至于每天运动的人，能达到最好效果的时期大概是他们刚开始养成运动习惯的时期。事实上，这种人的心态变化与一般人恰恰相反，不运动时心情反而容易陷入低潮。运动之所以能改变心情，是因为运动能改变与心情息息相关的生理状态。

善待自己或享受生活也是常见的抗抑郁药方，具体的方法包括泡热水澡、吃顿美食、听音乐等。送礼物给自己是女性常用的方式，大采购或只是逛逛街也很普遍。经研究发现，女性利用吃东西治疗悲伤的比率是男性的3倍，男性诉诸饮酒的比率则是女性的5倍。

还有提升心情的良方是助人。抑郁的人萎靡不振的主因是不断想到自己极不愉快的事，设身处地地同情别人的痛苦可达到转移注意力的目的。经研究发现，担任义工是很好的方法。然而，这也是最少被采用的方法。

撩开羞怯的面纱

古代赞美女子，多有对犹抱琵琶半遮面的羞涩之态的赞叹，也有"女人含而不露，谓之羞"的说法，现代也有形容女人未见开口先满面绯红的羞态。但是凡事都有度，如果见到任何人、遇到任何事都羞怯躲闪，那就不好了。因此，我们一定要从此时开始，鼓起勇气与羞怯说再见。

有位名人说过："害羞是人类最纯真的感情现象。"通常情况下，是人就知道害羞。这种内心不安、惶恐的表现是人成长过程中正常的焦虑现象，但如果这种焦虑持久而严重地干扰了人的正常生活，则成为一种心理病态——社交焦虑症。精神病学家戴维德·西汉教授认为："害羞的症结在于怕别人对自己的印象不好而招致羞辱。"他把害羞的原因归结为大脑中负责负面情绪的区域对陌生情况的过度反应。不过，有研究表明，容易害羞的人的大脑皮质，对外界的所有刺激的反应，都比外向的人更加敏感。美国国家卫生研究院发展心理学家阿曼达·盖耶领导下的研究者、儿童精神病学家莫妮克·厄恩斯特说："迄今为止，人们认为羞涩往往会导致人避开社交场景，我们的研究是让大家知道，在羞涩的人的大脑中，与犒赏系统有关的区域的活动更加强烈。"

在美国有40%的成年人有羞怯表情，在日本60%的人认为自己害羞。心理学家认为，羞怯心理并不都是消极的，适度的羞怯心理是维护人们自尊的重要条件。有人调查表明，羞怯的人能体谅人，比较可靠，容易成为知心朋友，他们对爱情比较忠诚，能保持自己的贞操。当然，这里讲的是"适度"，如过于羞怯，那就成了心理障碍，会给自己的交际和生活带来许多不必要的障碍和苦恼。

从心理学的角度看，羞怯起因于许多事情，但无论是先天的羞怯还是后天的，都可以通过一些行为技巧去克服。

（1）做一些克服羞怯的运动。例如，将两脚平稳地站立，然后轻轻地把脚跟提起，坚持几秒后放下，每次反复做30下，每天这样做两三次，可以消除心神不定的感觉。

（2）害羞使人呼吸急促，因此，要强迫自己做数次深长而有节奏的呼吸，这可以使一个人的紧张心情得以缓解，为建立自信心打下基础。

（3）改变你的身体语言。最简单的改变方法就是SOFTEN——柔和身体语言，它往往能收到立竿见影的效果。所谓"SOFTEN"，S代表微笑；O代表开放的姿势，即腿和手臂不要紧抱；F表示身体稍向前倾；T表示身体友好地与别人接触，如握手等；E表示眼睛和别人正面对视；N表示点头，表示你在倾听并理解。

（4）主动把你的不安告诉别人。诉说是一种释放，能让当事人心理上舒服一些，如果同时能获得他人的劝慰和帮助，当事人的信心和勇气也会随之大增。

（5）循序渐进，一步步改变。专家告诉我们，克服害羞是一项工程，也是一场我们一定能够打赢的战斗，每一个胜利都是真实可见的，只要我们去做。

（6）学会调侃。首先得培养乐观、开朗、合群的性格，注重语言技术训练和口头表达能力，还要去关注社会、洞察人生，做生活的有心人。"调侃"对于害羞的人而言，是一味效果很不错的药。你的一句话，可能就会让生活充满情趣，让你自己也充满自信。

（7）讲究谈话的技巧。在连续讲话中不要担忧中间会有停顿，因为停顿一会儿是谈话中的正常现象。在谈话中，当你感觉脸红时，不要试图用某种动作掩饰它，这样反而会使你的脸更红，进一步增加你的羞怯心理。想到羞怯并不等于失败，这只是由于精神紧张，并非是你不能应付社交活动。

（8）学会克制自己的忧虑情绪，凡事尽可能往好的方面想，多看积极的一面。

　　羞怯是人际交往的一道障碍，让我们从羞怯中走出来吧，抛开羞怯心理，我们将能更好地享受集体生活的欢娱。

第四章
反脆弱,不被弱小的心禁锢

有缺陷，就勇敢地面对

人生的意义不在于拿到一副好牌，而在于怎么样打好一副烂牌。

一只毛毛虫向上帝抱怨："上帝啊，你也太不公平了。我作为毛毛虫的时候，丑陋又行动缓慢，而当我变成了蝴蝶后，却美丽又轻盈。前期遭人厌恶，后期又招人赞美。这也太不公平了吧！"

上帝点了点头，说："那你准备怎么办？"

毛毛虫接着说："这样吧，平衡一下。我现在虽然丑陋点，但你让我行动轻盈点；当我化为蝴蝶后，让我行动迟缓一点。"

"这样啊，那恐怕你活不了多久啊！"上帝摇了摇头。

"为什么啊？"毛毛虫焦急地反问。

"如果你有蝴蝶的漂亮却只有毛毛虫的速度，是不是很容易就被人捉了去呢？现在之所以没人碰你，就是因为你的丑陋啊。"上帝语重心长地说。

毛毛虫想了想，决定还是做一只缓慢而丑陋的毛毛虫。

在这个世界上没有任何一个人是完美的。不要害怕自己有缺陷，会受到别人的嘲笑，要勇敢地去面对它，并将这些缺陷化作自己前进的动力。

布莱克从小双目失明，那时候他还不知道失明的后果。当他长大的时候,他知道他将永远看不到这个世界。

"上帝,为什么要这样对我?难道是我做错了什么吗?我看不到小鸟,看不到树木,看不见颜色。失去了光明,我还能干什么?"布莱克常常这样问自己。

他的亲人和朋友,还有许多好心人都来关怀他,照顾他。当他坐公共汽车的时候,常常有人为他让座。当他过马路的时候,会有人来搀扶他。但布莱克把这一切都看成别人对他的同情和怜悯,他不愿意一直这样被同情怜悯。

直到有一天,一件事情改变了他对世界的看法。那是莱恩神父讲给他的一句话:"世上每个人都是被上帝咬过一口的苹果,都是有缺陷的。有的人缺陷比较大,因为上帝特别喜爱他的芬芳。"

"我真的是上帝咬过的苹果吗?"他问莱恩神父。

"是的,你不是上帝的弃儿。但是上帝肯定不愿意看到他喜欢的苹果在悲观失望中度过一生。"莱恩神父轻轻地回答道。

"谢谢你,神父,您让我找到了力量。"布莱克高兴地对神父说道。从此他把失明看作上帝的特殊钟爱,开始振作起来。若干年后,当地传诵着一位德艺俱佳的盲人推拿师的故事。

上帝知道了这件事,笑道:"我很喜欢这个美丽而睿智的比喻。我从没有放弃过任何一个苹果。"

事实上,有许多先天条件并不优秀的人之所以取得成功,是因为开始的时候有一些阻碍他们的缺陷促使他们加倍努力而得到更多的补偿。

一个男孩，从小到大都是坐在教室的最前排，因为他的个子一直是班上最矮的，只有 1.2 米，而这个身高从此没有再改变过。他患的是一种奇怪的病，医学上称是内分泌失常导致的。

他的家境不好，父母都是农民，却要供养三个孩子念书。他上中学时，父母决定从学校抽回一个孩子，他们的目光首先落到了矮小的他身上。可他倔强地回绝了父亲："我要上学，学费我自己想办法！"从此，他拎着一个大大的塑料袋开始了自己的拾荒生涯，将一包包的废品换成学费。

在后来的一次事故中，父亲不幸丧失了劳动能力，矮小的他不得不连兄妹的担子也替父母扛了起来。很显然，卖破烂的钱已远远不够。偶然的机会，他听人说烟台一带拾荒的人少，就和父亲来到了烟台。为了生计，他边拾荒边乞讨。有空的时候，他就坐在人来车往的大街边捧着书本看。

父亲说，讨饭的看书有什么用。他反驳道，乞丐也有两种，一种是形式上的，一种是精神上的，他是第一种。

在拾荒与乞讨的间隙，他以超乎常人的毅力与决心，学完了高中的所有课程，因为他有一个梦想。功夫不负有心人，在 2003 年，他以超出本科线 30 分的成绩被重庆工商大学录取。他就是袖珍男孩——魏泽洋。

缺陷不一定都是坏的，有可能就是你的长处和优点。只要会利用，可能还会给你带来意想不到的效果，但是，前提是你必须得正视缺陷。

抱怨自己——偷偷作祟的自卑心

自卑就是对自己的抱怨。抱怨自己，就会在士气上削减自己的能量，使自己变得更加懦弱、更加没有信心。

自卑的人，情绪低沉，郁郁寡欢，常因害怕别人看不起自己而不愿与人来往，只想与人疏远，缺少朋友，顾影自怜，甚至自疚、自责、自罪；自卑的人，缺乏自信，优柔寡断，毫无竞争意识，抓不住稍纵即逝的机会，享受不到成功的乐趣；自卑的人，常感疲劳，心灰意懒，注意力不集中，工作没有效率，缺少生活情趣。

如果一个人总是沉迷在自卑的阴影中，那无异于给自己套上了无形的枷锁。但是，如果能够认清自己，懂得换个角度看待周围的世界和自己的困境，那么许多问题就会迎刃而解了。

一位父亲带着儿子去参观凡·高故居，在看过那张小木床及裂了口的皮鞋之后，儿子问父亲："凡·高不是位百万富翁吗？"父亲答："凡·高是位连妻子都没娶上的穷人。"

第二年，这位父亲带儿子去丹麦，在安徒生的故居前，儿子又困惑地问："爸爸，安徒生不是生活在皇宫里吗？"父亲答："安徒生是位鞋匠的儿子，他就生活在这栋阁楼里。"

这位父亲是一个水手，他每年往来于大西洋的各个港口；这个孩子叫伊东·布拉格，是美国历史上普利策奖的获得者。20年后，他在回忆童年时说："那时我们家很穷，父母都靠卖苦力为生。有很长一段时间，我一直认为像我们这样地位卑微的黑人是不可能有什么出息的。好在父亲让我认识了凡·高和安徒生，这两个人告诉我，上帝没有轻看卑微。"

富有者并不一定伟大，贫穷者也并不一定卑微。上帝是公平的，他把机会放到了每个人面前，自卑的人也有相同的机会。

自卑常常在不经意间闯进我们的内心世界，控制着我们的生活，在我们有所决定、有所取舍的时候，向我们勒索着勇气与胆略；当我们碰到困难的时候，自卑会站在我们的背后大声地吓唬我们；当我们要大踏步向前迈进的时候，自卑会拉住我们的衣袖，叫我们小心地雷。一次偶然的挫败就会令你垂头丧气，一蹶不振，将自己的一切否定，你会觉得自己一无是处，窝囊至极，你会掉进自卑的旋涡。

自卑就像蛀虫一样啃噬着你的人格，它是你走向成功的绊脚石，是快乐生活的拦路虎。如果一个人很自卑，那他不仅不会有远大的目标，也永远不会出类拔萃。

自卑是一种压抑，一种自我内心潜能的人为压抑，更是一种恐惧，一种损害自尊和荣誉的恐惧，所以，我们只有比别人更相信并且珍爱自己，我们才能发挥自己最大的潜力，开创出属于自己的天地。

从现在起,不再对自己进行否定

人类的思考容易向否定的方向发展,所以肯定思考的价值越发重要。如果经常抱着否定的想法,必然无法期望理想人生的降临。有些人嘴里硬说没有这种想法,事实上已经受到潜在意识的不良影响了。

肯定自我,有了乐观而积极的想法,你才会找到新的人生方向和意义。诸如失恋、失业之类的残酷事实,有时会不可避免地发生,但千万不要因此而绝望地否定自己,从此一蹶不振。肯定思考不涉及任何意念智慧的高低,全赖思考的层面而定,即对于事物所思考的结果。

兄弟俩相伴去遥远的地方寻找人生的幸福和快乐。他们一路上风餐露宿,在即将到达目的地的时候,遇到了一条风急浪高的大河,而河的彼岸就是幸福和快乐的天堂。

关于如何渡过这条河,两人产生了不同的意见,哥哥建议采伐附近的树木造成一条木船渡过河去,弟弟则认为无论哪种办法都不可能渡得了这条河,与其自寻死路,不如等这条河流干了,再轻轻松松地走过去。

于是,建议造船的哥哥每天砍伐树木,辛苦而积极地制造木船,同时学会了游泳;而弟弟每天躺在床上睡觉,然后到河边观察河水流干了没有。直到有一天,已经造好船的哥哥准备扬帆的时候，弟弟还在讥笑他的愚蠢。

不过，哥哥并不生气，临走前只对弟弟说了一句话："你没有去做这件事，怎么知道它不会成功呢？"

能想到等河水流干了再过河，这确实是一个"伟大"的创意，可惜这是个注定永远失败的创意。这条大河终究没有干枯，而造船的哥哥经过一番风浪最终到达彼岸，两人后来在这条河的两岸定居了下来，也都有了自己的子孙后代。河的一边叫幸福和快乐的沃土，生活着一群我们称为积极思考的人；河的另一边叫失败和失落的荒地，生活着一群我们称为消极空虚的人。

积极和消极这两种截然相反的心态会带给人们巨大的反差。如果以消极的态度来对待一件事，这种态度就决定了你不能出色地完成任务；只有以积极的态度来对待，你才能出色地、超乎寻常地完成这件事。当然，持有消极心态的人并非完全不能转变成一个具有积极心态的人。

总之，任何事物都有两面性，至于我们所知所欲的境地，其实都是基于自己将意愿刻印在潜意识中的结果之故。如果对此一味悲哀，或无所适从，不但无法改变目前的状况，也很难实现人生理想。所以说，即使身处绝境，仍应保持肯定的思考态度，积极的思考能使你集中所有的精力去成就一番事业。

克服自卑的 11 种方法

自卑，就是自己轻视自己，认为自己不如别人。自卑心理严重的人，并不一定就是他本人具有某种缺陷或短处，而是不能悦意容纳自己，自惭形秽，常把自己放在一个低人一等、不被自己喜欢，进而演绎成别人看不起的位置，并由此陷入不能自拔的境地。

自卑的人心情低沉，郁郁寡欢，常因害怕别人瞧不起自己而不愿与别人来往，只想与人疏远，他们缺少朋友，甚至自责、自罪；他们做事缺乏信心，优柔寡断，毫无竞争意识，享受不到成功的喜悦和欢乐，因而感到疲倦，心灰意懒。

征服畏惧，战胜自卑，不能夸夸其谈，止于幻想，而必须付诸实践。建立自信最快、最有效的方法，就是去做自己害怕的事，直到获得成功。

1. 认清自己的想法

有时候，问题的关键是我们的想法，而不是我们想什么事情。人的自卑心理来源于心理上的一种消极的自我暗示，即"我不行"。正如哲学家斯宾诺莎所说："由于痛苦而将自己看得太低就是自卑。"这也就是我们平常说的自己看不起自己。悲观者往往会有抑郁的表现，他们的思维方式也是一样的。所以先要改变戴着有色眼镜看问题的习惯，这样才能看到事情乐观的一面。

2. 放松心情

努力放松心情，不要想不愉快的事情。或许你会发现事情并没有原来想的那么严重，会有一种豁然开朗的感觉。

3. 幽默

学会用幽默的眼光看事情，轻松一笑，你会觉得其实很多事情都很有趣。

4. 与乐观的人交往

与乐观的人交往，他们看问题的角度和方式，会在不知不觉中感染你。

5. 尝试小小的改变

先做一点小的尝试。比如，换个发型，化个淡妆，买件以前不敢尝试的比较时髦的衣服……看着镜子中的自己，你会觉得心情大不一样，原来自己还有这样的一面。

6. 寻求他人的帮助

寻求他人的帮助并不是无能的表现，有时候当局者迷，当我们在悲观的泥潭中拔不出来的时候，可以让别人帮忙分析一下，换一种思考方式，有时看到的东西就大不一样。

7. 要增强信心

只有自己相信自己，乐观向上，对前途充满信心，并积极进取，才是消除自卑、走向成功的最有效的方法。悲观者缺乏的，往往不是能力，而是自信。他们往往低估了自己的实力，认为自己做不来。记住一句话：你说行就行。事情摆在面前时，如果你的第一反应是"我能行",那么你就会付出自己最大的努力去面对它。同时,你知道这样继续下去的结果是那么诱人,当你全身心投入之后,最后你会发现你真的做到了。反之,如果认为自己不行,自己的行为就会受到这个念头的影响,从而失去太多本该珍惜的好机会,因为你一开始就认为自己不行,最终失败了也会为自己找到合理的借口:"瞧,当初我就是这么想的,果然不出我所料!"

8. 正确认识自己

对过去的成绩要做分析。自我评价不宜过高,要认识自己的缺点和弱点,充分认识自己的能力、素质和心理特点。要有实事求是的态度,不夸大自己的缺点,也不抹杀自己的长处,这样才能确立恰当的追求目标。特别要注意对缺陷的弥补和优点的发扬,将自卑的压力变为发挥优势的动力,从自卑中超越。

9. 客观全面地看待事物

有自卑心理的人,总是过多地看重自己不利、消极的一面,而看不到自己有利、积极的一面,缺乏客观全面地分析事物的能力和信心。这就要求我们努力提高自己透过现象抓本质的能力,客观地分析对自己有利和不利的因素,尤其要看到自己的长处和潜力,而不是妄自嗟叹、妄自菲薄。

10. 积极与人交往

不要总认为别人看不起你而离群索居。你自己瞧得起自己,别人也不会轻易小看你。能不能从良好的人际关系中得到激励,关键还在自己。要有意识地在与周围人的交往中学习别人的长处，发挥自己的优点，多在群体活动中培养自己的能力，这样可预防因孤陋寡闻而产生的畏缩躲闪的自卑感。

11. 在积极进取中弥补自身的不足

有自卑心理的人大多比较敏感，容易接受外界的消极暗示，从而越发陷入自卑中不能自拔。而如果能正确对待自身的缺点，变压力为动力，奋发向上，就会取得一定的成绩，从而增强自信，摆脱自卑。

跨越自己给自己设定的藩篱

有时候，限制我们走向成功的，不是别人拴在我们身上的锁链，而是我们自己为自己设置的局限。高度并非无法超越，只是我们无法超越自己思想的限制，更没有人束缚我们，只是我们自己束缚了自己。1968年，在墨西哥奥运会的百米赛场上，美国选手海恩斯撞线后，激动地看着运动场上的计时牌。当指示器打出9.9秒的字样时，他摊开双手，自言自语地说了一句话。

后来，有一位叫戴维的记者在回放当年的赛场实况时再次看到海恩斯撞线的镜头，这是人类历史上第一次在百米赛道上突破10秒大关。看到自己破纪录的那一瞬，海恩斯一定说了一句不同凡响的话，但这一最佳新闻点，竟被现场的400多名记者疏忽了。

因此，戴维决定采访海恩斯，问问他当时到底说了一句什么话。

戴维很快找到海恩斯，问起当年的情景，海恩斯竟然毫无印象，甚至否认自己当时说过什么话。

戴维说："你确实说了，有录像带为证。"

海恩斯看完戴维带去的录像带，笑了。他说："难道你没听见吗？我说：'上帝啊！那扇门原来是虚掩的。'"

谜底揭开后，戴维对海恩斯进行了深入采访。

自从欧文斯创造了 10.3 秒的成绩后，曾有一位医学家断言，人类的肌肉纤维所承载的运动极限，不会超过每秒 10 米。

海恩斯说："30 年来，这一说法在田径场上非常流行，我也以为这是真理。但是，我想，自己至少应该跑出 10.1 秒的成绩。每天，我以最快的速度跑 5 公里，我知道百米冠军不是在百米赛道上练出来的。当我在墨西哥奥运会上看到自己 9.9 秒的纪录后，惊呆了。原来，10 秒这个门不是紧锁的，而是虚掩的，就像终点那根横着的绳子一样。"

后来，戴维撰写了一篇报道，填补了墨西哥奥运会留下的一个空白。不过，人们认为它的意义不限于此，海恩斯的那句话，为我们留下的启迪更为重要。命运的门总是虚掩的，它会给我们留下一道开启的缝隙，可是我们情愿相信那是一堵不可穿越的墙。于是，我们独特的创意被自己抹杀，认为自己无法成功；告诉自己，难以成为配偶心目中理想的另一半,就无法成为孩子心目中理想的父母。然后,开始向环境低头,甚至开始认命、怨天尤人。

这一切都是我们心中那条系住自我的铁链在作祟罢了。或许,你必须耐心静候生命中来一场大火,逼得你非得选择挣断链条或甘心遭大火席卷。或许,你将幸运地选对了前者,在挣脱困境之后,语重心长地告诫后人,人必须经苦难磨炼方能得以成长。

其实,面对人生,你还有一种不同的选择。你可以当机立断,运用我们内在的能力,当下立即挣开消极习惯的捆绑,改变自己所处的环境,投入另一个崭新的积极领域中,使自己的潜能得以发挥。

你愿意静待生命中的大火?甚至甘心遭它席卷,低头认命?抑或立即在心境上挣开环境的束缚,获得追求成功的自由?

这项慎重的选择,当然得由你自行决定。

不轻易给自己下判决书

也许你遇到过这样的情况,当领导分配给你一项超出你能力的工作时,就会感到害怕,害怕不能如期完成,害怕不能达到领导的要求,害怕耽误自己的业绩。有了这些恐惧之后,你就会觉得困难重重,无论如何也不可能漂亮地完成老板分配的工作。此时，你所遇到的困难已经远远超过做事情本身，恐惧给你的工作和情绪产生了不良的影响。

这种恐惧人人都有，许多年轻人也不例外。有些人对一切都怀着恐惧之心：他们怕风，怕受寒；他们吃东西时怕中毒，经营商业时怕赔钱；他们怕人言，怕舆论；他们怕困苦时刻的到来，怕贫穷，怕失败，怕收获不佳，怕雷电，怕暴风……他们的生命中，充满了恐惧。

恐惧能摧残人的创造精神，能使人的精神机能趋于衰弱。人一旦心怀恐惧的心理、不祥的预感，则做什么事都会遇到困难，也不可能有效率。恐惧代表并指示着人的无能与胆怯。这个恶魔，从古至今都是人类最可怕的敌人，是人类文明事业的破坏者。

当整个心态和思想随着恐惧的心情而起伏不定时，干任何事情都不可能收到功效。在实际生活中，真正的困难其实并没有我们想象中的那么大。如果我们能以积极的心态对待，那些致使我们未老先衰、愁眉苦脸的事情，那些致使我们步履沉重、面无喜色的事情，就能克服了。

恐惧是人类最大的敌人。不安、忧虑、嫉妒、愤怒、胆怯等，都是恐惧的一种表现。恐惧剥夺了人的幸福与能力，使人变为懦夫；恐惧使人失败，使人流于卑贱。因此，克服恐惧，已成为每个人都要面对的重大问题。

恐惧纯粹是一种心理想象，是一个幻想中的怪物，一旦我们认识到这一点，我们的恐惧感就会消失。如果我们的见识广博到足以明了没有任何臆想的东西能伤害到我们,那我们就不会再感到恐惧了。

恐惧虽然阻碍着人们力量的发挥,给人们做事情带来一定的困难,但它并非不可战胜。只要人们能够积极地行动起来,在行动中有意识地纠正自己的恐惧心理,就会减少人们做事情的畏难情绪,那它就不会再成为人们的威胁了。

那么,怎样排除恐惧呢?

首先,你要进行自我激励,不断地在内心里对自己说:"没什么可恐惧的,我一定可以把事情做好。"自我激励就是鼓舞自己做出抉择并且行动起来。自我激励能够提供内在动力,例如,本能、热情、情绪、习惯、态度或想法等,能够使人行动起来。

其次,行动起来,用事实克服恐惧。很多事情没有做的时候,常常会感到恐惧。恐惧给我们带来了很大的困难,但是一旦做起来,就不会恐惧了。特别是事情做成功了,就可以克服恐惧,树立信心。

最后,把事情的最坏结果想象出来,如果最坏的结果你能够承受,那么就没有必要恐惧了。

我们要认识到自己现在对生活的恐惧是早期没有树立信心造成的,这种恐惧不克服就会使自己做事情时产生更多的畏难情绪,严重影响到今后的发展,在恐惧所控制的地方,不可能达成任何有价值的成就。所以,一个做事有"手腕"的人要想成功,就要改变自己,克服恐惧,肯定自己,将畏难情绪紧锁起来。

弱势时要先懂得自保

看清形势，估量轻重，有所迂回，有所进攻。一切都要灵活变通，只有这样，才能在弱势时自保。

遇事硬顶不是理想策略，"遇强则迂，遇弱则攻"才是上策。仔细分清形势是否有利，慎之又慎地做出是攻是迂的决定。在情况危急，自己又无力扭转之时，迂回撤离是为保存实力。假如形势并非很危险，再坚持一下就会成功，就绝不要轻言撤退。所以做出这种决定必须要慎之又慎。

武则天是中国历史上唯一的女皇帝，她危急时刻全身而退的做法值得我们探讨。唐太宗自知大限将至，为确保李家江山的万代长久，因此想要让武媚娘为自己陪葬。他当着太子李治的面问武媚娘道："朕这次患病，一直医治无效，病情日日加重，眼看着是起不来了。你在朕身边已有不少时日，朕实在不忍心撇你而去。朕死之后，你该如何自处呢？"

冰雪聪明的武媚娘一下子听出了自己身临绝境的危险！怎么办？她心里清楚，只要现在能保住性命，就不怕将来没有出头之日。然而，要保住性命，又谈何容易？想到此，她灵机一动，立刻跪下说："妾蒙圣上隆恩，本该以一死来报答。但圣躬未必即此一病不愈，所以妾才迟迟不敢就死。妾只愿现在就削发出家，长斋拜佛，到尼姑庵去日日拜祝圣上长寿，聊以报效圣上的恩宠。"

因武媚娘一向深得太宗喜欢，所以太宗也并不想要她性命。今听她说要去出家，正合心意，于是连声说"好"，并命她即日出宫，武媚娘拜谢而去。

太子李治自不愿武媚娘出家，遂前往劝说。武媚娘对他说："我要不主动说出去当尼姑，只有死路一条。留得青山在，不怕没柴烧。只要殿下登基之后，不忘旧情，那么我总会有出头之日……"

太子李治佩服武媚娘才智，当即解下一个九龙玉佩，送给媚娘作为信物。

后来，太子李治登基不久，武则天就又被召入宫中。常言道："留得青山在，不怕没柴烧。"在我们做某件事时，如果情况对自己不利，再要继续下去很可能惨遭挫败，甚至丢了性命。那就必须考虑如何灵活地全身而退，此时，必须当机立断，决不可拖泥带水，这样才能扭转局面，变不利为有利。

第五章
建立心理优势，强大的不是能力而是心理

即使失意，也不可失志

　　人生的航船，并非一帆风顺，有风平浪静，也有大浪滔天。风平浪静时，不喜形于色；风吹浪打时，不悲观失望，我自岿然不动。只有这样，人生的大船，才能顺利地驶向成功的彼岸。

　　人有悲欢离合，月有阴晴圆缺。情场失意、亲人反目、工作不如意……这些事情总会不经意间困扰我们，使我们情绪跌至低谷。人生得意须尽欢，而人生失意时也不能停下脚步，也应该积极进取。条条大路通罗马，此路不通，不妨换条路试试，不妨来个情场失意工作补。处在人生的低谷，悲观、痛苦、怨天尤人都没有用，只会让自己越陷越深。越是逆境，我们越应该积极地去面对。

　　莎士比亚曾说："假使我们自己将自己比作泥土，那就真要成为别人践踏的东西了。"其实，别人认为你是哪一种人并不重要，重要的是你是否肯定自己；别人如何打败你，并不是重点，重点是你是否在别人打败你之前，就先输给了自己。很多人失败，通常是输给自己，而不是输给别人。因为自己如果不做自己的敌人，世界上就没有敌人。

　　美国从事个性分析的专家罗伯特·菲利浦有一次在办公室接

待了一个因企业倒闭而负债累累的流浪者。罗伯特从头到脚打量眼前的人：茫然的眼神、沮丧的皱纹、十来天未刮的胡须以及紧张的神态。罗伯特想了想，说："虽然我没有办法帮助你，但如果你愿意的话，我可以介绍你去见本大楼的一个人，他可以帮助你赚回你所损失的钱，并且协助你东山再起。"

罗伯特刚说完，他立刻跳了起来，抓住罗伯特的手，说道："看在老天爷的分上，请带我去见这个人。"

罗伯特带他站在一块看起来像是挂在门口的窗帘布之前。然后把窗帘布拉开，露出一面高大的镜子，他可以从镜子里看到他的全身。罗伯特指着镜子说："就是这个人。在这世界上，只有这个人能够使你东山再起，你觉得你失败了，是因为输给了外部环境或者别人了吗？不，你只是输给了自己。"

他朝着镜子走了几步，用手摸摸他长满胡须的脸，对着镜子里的人从头到脚打量了几分钟，然后后退几步，低下头，哭泣起来。

几天后，罗伯特在街上碰到了这个人，而他不再是一个流浪汉形象，他西装革履，步伐轻快有力，头抬得高高的，原来那种衰老、不安、紧张的姿态已经消失不见。

后来，这个人真的东山再起，成为芝加哥的富翁。

一支小分队在一次行军中，突然遭到敌人的袭击，混战中，有两位战士冲出了敌人的包围圈，结果却发现进入了沙漠中。走至半途，水喝完了，受伤的战士体力不支，需要休息。

于是，同伴把枪递给受伤者，再三盼咐："枪里还有五颗子弹，我走后，每隔一小时你就对空中鸣放一枪。枪声会指引我前来与你会合。"说完，同伴满怀信心找水去了。躺在沙漠中的战士却满腹狐疑：同伴能找到水吗？能听到枪声吗？会不会丢下自己这个"包袱"独自离去？

日暮降临的时候，枪里只剩下一颗子弹，而同伴还没有回来。受伤的战士确信同伴早已离去，自己只能等待死亡。他想象，秃鹰会飞来，狠狠地啄瞎他的眼睛、啄食他的身体……结果，他彻底崩溃了，把最后一颗子弹送进了自己的太阳穴。枪声响过不久，同伴提着满壶清水，领着一队骆驼商旅赶来，找到了一具尚有余温的尸体……

那位战士冲出了敌人的枪林弹雨，却死在了自己的枪口下，让人扼腕叹息之余不免警醒：我们奋斗在人生的旅程中，与天斗、与人斗，我们不轻易服输，相信只要自己努力就没有什么战胜不了的。然而很多时候，面对恶劣的环境，面对天灾人祸，面对尔虞我诈，是我们在心理上先否定了自己，是我们自己选择了放弃，选择了失败。

在生命旅途艰难跋涉的过程中我们一定要坚守一个信念：可以输给别人，但不能输给自己。因为打败你的不是外部环境，而是你自己。失意不失志，生活永远充满希望，很多事情都可能重新再来，我们实在没有理由在悲伤中任时光匆匆飞逝。

积极心态能激发无穷潜能

潜能无时无刻不在，你的心态将是决定潜能发挥与否的一大关键因素，只要你保持积极心态，就能激发自己的无限潜能。

无数成功人士的奋斗历程已经验证：成功是由那些抱有积极心态的人所取得的，并由那些以积极的心态努力不懈的人所保持。拥有积极的心态，即使遭遇困难，也可以获得帮助，事事顺心。

生命本身是短暂的，但是为什么有的人过得丰富多彩，充满朝气和进取精神，有的人却生活得枯燥无味，没有一点风光和活力？生活也许是一支笛、一面锣，吹之有声，敲之有音，全看你是不是积极去吹去敲，去创造自己生活的节奏和旋律。

有人说："我不会吹、不会敲怎么办？"积极的人会告诉你："不吹白不吹，不敲白不敲，消极等待只能浪费生命。"是的，活在世上，何必等待，何必懒惰？等待等于自杀，懒惰也并不能延长生命一分一秒。

从前，有一群青蛙组织了一场攀爬比赛，比赛的终点是一个非常高的铁塔的塔顶。一大群青蛙围着铁塔看比赛，给它们加油。

比赛开始了。

老实说，群蛙中没有谁相信这些小小的青蛙会到达塔顶，它们都在议论：

"这太难了，它们肯定到不了塔顶！""它们绝不可能成功的，塔太高了！"

听到这些议论，一只接一只的青蛙开始泄气了，只有几只情绪高涨的青蛙还在往上爬。群蛙继续喊着："这太难了，没有谁能爬上塔顶的！"

越来越多的青蛙累坏了，退出了比赛。但是，有一只却越爬越高，一点没有放弃的意思。

最后，其他的青蛙都退出了比赛，只有这一只青蛙，它费了很大的劲儿，终于成为唯一一只到达塔顶的胜利者。

很自然地，其他的青蛙都想知道它是怎么成功的。有一只青蛙跑上前去问那只胜利者哪来那么大的力气爬完全程？

它发现：这只青蛙是聋的！

永远不要听信那些习惯消极悲观看问题的人，保持积极乐观的心态。总是记住你听到的充满力量的话语，因为所有你听到的或读到的话语都会影响你的行为。

拥有积极的心态，是一个成功者必备的素质。积极的心态，能够使人上进，能够激发人潜在的力量。

强悍的自信心是力量与希望的源泉

并不是每一个贝壳都可以孕育出珍珠,也不是每一粒种子都可以萌生出幼芽,河流也会干涸,高山也可崩塌,而自信的人,可以在纷乱红尘中自由驰骋,游刃有余。

凡是自信的人都具有独立思考的能力以及忍辱负重的耐力,以智慧判断出自己所需要的东西,树立正确的理想并且为之奋斗。人的一生,只有为自己做出了准确定位,放稳了自己的脚步,才能做到有目的而不盲从,遇挫折而不退缩,才能活出生命的意义。

沙子之所以能成为珍珠,是因为它有成为珍珠的信念。芸芸众生都是一粒粒平凡的沙子,但只要怀有成为珍珠的信念,就能长成一颗颗珍珠。

很久以前,有一个养蚌人,他想培养一颗世上最大最美的珍珠。

他去海边沙滩上挑选沙子,并且问那些沙子,愿不愿意变成珍珠。那些沙子都摇头说不愿意。养蚌人从清晨问到黄昏,他都快要绝望了。

就在这时,有一粒沙子答应了他。

旁边的沙子都嘲笑起那颗沙粒,说它太傻,去蚌壳里住,远离亲人、朋友、见不到阳光、雨露、明月、清风甚至还缺少空气,只能与黑暗、潮湿、寒冷、孤寂为伍,不值得。

可那粒沙子还是无怨无悔地随着养蚌人去了。

斗转星移，几年过去了，那粒沙子已长成了一颗晶莹剔透、价值连城的珍珠，而曾经嘲笑它傻的那些伙伴们，依然只是一堆沙子，有的已风化成土。

也许你只是众多沙子中最最平凡的一粒，但只要你有成为珍珠的信念，并且忍耐着、坚持着，当走过黑暗与苦难的长长隧道时，你就会惊讶地发现，在不知不觉中，你已长成了一颗珍珠。每颗珍珠都是由沙子磨砺出来的，能够成为珍珠的沙子都有着成为珍珠的坚定信念，并为之无怨无悔。

很多人都曾有过怀才不遇的感觉，自认为自己的才华未得到别人的认可，能力无处施展，这时候，不妨反观自身，以弥补自己的缺陷，使自己的满腔热情与自信在沉淀之后变得更加坚韧。

其实，人最佳的心态莫过于能屈能伸，既要有成为珍珠的信念，也要在信念的实现过程中承受必要的压力，甚至屈辱。在现实生活中，有的人会"为了理想把侮辱当饭吃"，还有的人会为了坚持理想，不惜忍辱负重。

这些人的做法，在很多人看来，是无法理解的。也许他们认为自己的行为有意义，因而不在意别人的侮辱，一心一意只为了实现理想。

我们常常将理想比作前行路上的灯塔，即使海面波浪翻滚，狂风暴雨，依然能够为船只照亮前行的方向，这理想即是信念，更是智慧的导航。

挑战自我，多给自己一个机会

美西战争爆发之时，美国总统必须马上与古巴的起义军将领加西亚取得联络。但没有人知道加西亚的确切位置，可美国总统必须尽快得到他的援助。

有什么办法呢？

有人对总统说："如果有人能够找到加西亚的话，那么这个人一定是罗文。"于是总统把罗文找来，交给他一封写给加西亚将军的信。至于罗文中尉如何拿了信，用油纸袋包装好，放在胸口藏好；如何坐了四天的船到达古巴，再经过三个星期，徒步穿过这个危机四伏的岛国，终于把那封信送给加西亚——这些细节都不重要。

重要的是，美国总统把一封写给加西亚的信交给罗文，罗文接过信之后并没有问："他在什么地方？"

太多人所需要的不仅仅是从书本上学习来的知识，也不仅仅是他人的一些教诲，而是要铸就一种精神：积极主动、全力以赴地完成任务——"把信送给加西亚"。

彼得和查理一起进入一家快餐店，当了服务员。他俩的年龄一样，也拿着同样的薪水，可是工作时间不长，彼得就得到了老板的褒奖，很快被加薪，而查理仍然在原地踏步。面对查理和周围人士的牢骚与不解，老板让他们站在一旁，看看彼得是如何完成服务工作的。

在冷饮柜台前,顾客走过来要一杯麦乳混合饮料。彼得微笑着对顾客说:"先生,你愿意在饮料中加入一个还是两个鸡蛋呢?"

顾客说:"哦,一个就够了。"

这样快餐店就多卖出一个鸡蛋。在麦乳饮料中加一个鸡蛋通常是要额外收钱的。

看完彼得的工作后,经理说道:"据我观察,我们大多数服务员是这样提问的:'先生,你愿意在你的饮料中加一个鸡蛋吗?'而这时顾客的回答通常是:'哦,不,谢谢。'对于一个能够在工作中主动解决问题、主动完善自身的员工,我没有理由不给他加薪。"

其实这个道理很简单:比别人多努力一些、多思考一些,就会拥有更多的机会。

对很多人来说,每天的工作可能是一种负担、一项不得不完成的任务,他们并没有做到工作所要求的那么多、那么好。对每一个企业和老板而言,他们需要的绝不是那种仅仅遵守纪律、循规蹈矩,却缺乏热情和责任感,不够积极主动、自动自发的人。

工作需要自动自发,而那些整天抱怨工作的人,是永远都不会知道任何危机都蕴藏着新的机会,这是一条颠扑不破的人生真理。

扩大你的内心格局

几个人在岸边的岩石上垂钓,一旁有几名游客在欣赏海景之余,亦围观他们钓上岸的鱼,口中啧啧称奇。

只见一个钓者竿子一扬,钓上了一条大鱼,约三尺来长。落在岸上后,那条鱼依然腾跳不已。钓者冷静地解下鱼嘴内的钓钩,顺手将鱼丢回海中。

围观的众人响起一阵惊呼,这么大的鱼犹不能令他满意,足见钓者的雄心之大。就在众人屏息以待之际,钓者渔竿又是一扬,这次钓上的是一条两尺长的鱼,钓者仍是不多看一眼,解下鱼钩,便把这条鱼放回海里。

过了一会儿,钓者的鱼竿再次扬起,只见钓线末端钩着一条不到一尺长的小鱼。围观众人以为这条鱼也将和前两条大鱼一样,被放回大海,不料钓者将鱼解下后,小心地放进自己的鱼篓中。

游客中有一人百思不解,追问钓者为何舍大鱼而留小鱼。钓者经此一问,回答:"喔,那是因为我家里最大的盘子只不过有一尺长,太大的鱼钓回去,盘子也装不下……"

舍三尺长的大鱼而宁可取不到一尺的小鱼,这是令人难以理解的取舍,而钓者的唯一理由,竟是因为家中的盘子太小,盛不下大鱼!

在我们的生活经历中,其实也存在许多类似的例子。例如,很多时候，我们有一番雄心壮志时，就习惯性地提醒自己："我想得也太天真了吧，我只有一个小锅，煮不了大鱼。"因为自己背景平凡，而不敢去梦想非凡的成就；因为自己学历不足，而不敢立下宏伟的大志；因为自己自卑保守，而不愿打开心门，去接受更好、更新的信息……凡此种种，我们画地为牢、故步自封，既挫伤了自己的积极性，也限制了自己的发展。

那些人生篇章舒展不开，无法获得大成就的人，大多是没有大格局的人。所谓大格局，就是以长远的、发展的、战略的、全局的眼光看待问题，以博大的胸襟对待人和事。对一个人来说，格局有多大，人生就有多大。那些想成大业的人需要高瞻远瞩的视野和不计前嫌的胸怀，需要"活到老、学到老"的人生大格局。古今中外，大凡成就伟业者，他们都是一开始就从大处着眼，一步步构筑他们辉煌的人生大厦的。

如果把人生比作一盘棋，那么人生的结局就由这盘棋的格局所决定。在人与人的对弈中，舍卒保车、舍车保帅、飞象跳马……种种棋路就如人生中的每一次拼搏。相同的将、士、象，相同的车、马、炮，却因为下棋者的布局而大不相同，输赢的关键就在于我们能否把握住棋局。要想赢得人生的这盘棋局，就应当站在统筹全局的高度，有先予后取的度量，有运筹帷幄而决胜千里的方略与气势。棋局决定着棋势的走向，我们掌握了大格局，也就掌控了大局势。

通过规划人生的格局，对各种资源进行合理分配，才可能更容易地获得人生的成功，理想和现实才会靠得更近。人生每一阶段的格局，就如人生中的每一个台阶，只有一步一步地认真走好，才能够到达人生之塔的顶端。

所以，扩大自己内心的格局，对于前景，去构思更大、更美的蓝图。我们将会发现，在自己心中，竟有如此浩瀚无垠的空间，竟可容下宇宙间永恒无尽的智慧。

有什么样的人生格局，就有什么样的人生结局！

宽容，让痛苦变为伟大

哲人说，宽容和忍让的痛苦，能换来甜蜜的结果。

这句话说得诚恳而有深度。宽容是痛苦的，它意味着放弃心中的愤懑不平，将往日的种种侮辱和痛苦生生咽进肚里。这位哲人能体会到宽容者内心的矛盾和波动，是从人的内心出发，十分诚恳。同时，他又指出了宽容的必然性，因为宽容最终会换来甜蜜，而不宽容则只能给人带来更多的痛苦。即使是从追逐快乐甜蜜、远离痛苦这一"趋利避害"的简单本性出发，我们也应该在伤害面前选择宽容。确实，宽容是我们面对伤害应有的心态。

在现实生活中，难免会发生这样的事：亲密无间的朋友，无意或有意做了伤害你的事,你是宽容他,还是从此分手,或伺机报复?以牙还牙,分手或报复似乎更符合人的直觉本能。但这样做了,怨会越结越深,仇会越积越多,结果冤冤相报何时了。

芝加哥人蒙泰在林肯竞选总统期间频频发出尖刻批评。林肯当选之后,为芝加哥人蒙泰在大饭店举行了一个欢迎会。林肯看见蒙泰站在角落里,虽然蒙泰曾大声辱骂过林肯,林肯仍然很有风度地说:"你不该站在那儿,你应该过来和我站在一块儿。"

参加欢迎会的每个人都亲眼看见了林肯赋予蒙泰的荣耀,也正因为此,蒙泰成为林肯最忠诚、最热心的支持者。

所以,宽容才是消除矛盾的有效方法,冤冤相报抚平不了心中的伤痕,它只会将伤害者和被伤害者捆绑在无休止的争吵战车上。印度"圣雄"甘地说得好,如果我们对任何事情都采取"以牙还牙"的方式来解决,那么整个世界将会失去色彩。

宽容是一种高贵的品质、崇高的境界,是精神的成熟、心灵的丰盈。有了这种境界和心态,人就会变得豁达,变得成熟。宽容是一种仁爱的光,是对别人的释怀,也是对自己的善待。有了宽容之心,就会远离仇恨,避免灾难。宽容是一种生存的智慧、生活的艺术,是看透了社会人生以后所获得的那份从容、自信和超然。有了这种智慧、这种艺术,我们面对人生,就会从容不迫。宽容是一种力量、一种自信,是一种无形的感召力和凝聚力。有了这种力量和自信，人就会胸有成竹，获得成功。

也许你曾经遭受过别人对你的恶意诽谤或者是深深的伤害，这些伤痛在你的心底一直未曾被抚平，你可能至今还在怨恨他，不能原谅他。其实，怨恨是一种具有侵袭性的东西，它像一个不断长大的肿瘤，使我们失去欢笑，损害我们的健康。

心理学专家研究证实，心存怨恨有害健康，高血压、心脏病、胃溃疡等疾病就是长期积怨和过度紧张造成的。

所以，让我们学会宽容，忘记怨恨，这样才能抚慰你暴躁的心绪，弥补不幸对你的伤害，让你获得心灵的自由。

直面挫折，内心才会坚韧

人生欢喜多少事，笑看天下几多愁。

生活中我们需要懂得感谢，不仅是感谢那些帮助我们的人，甚至是敌人、挫折，我们也要学会感谢。感谢挫折，因为它让你学到了以前不具备的品质，使你更加成熟；感谢遗弃你的人，因为是他让你独立，让你自主行事；感谢天灾，它磨炼了你的意志，使你变得更加坚强。人生必须要经历磨难才能完美！要感谢善意的批评，也要感谢无理的谩骂；要感谢虚假的质疑，也要感谢真诚的讽刺；要感谢诚挚的朋友，也要感谢真正的敌人。也许我们被这些挡住我们去路的石块绊倒过，但是这些何尝不是有价值的金块呢？因为有了它们，我们的能力才得到了强化，我们的斗志才被一次次地激发。所以不要轻易丢掉绊倒你的石头，拾起它们，也许通过你的努力，它们就能变成闪闪发光的金子。

我们从小就在做游戏，游戏的本身就是在不断战胜挫折与失败中获取一种刺激与欢乐，假如没有挫折与失败，再好的游戏也会索然无味。人生有时就如一场游戏，但我们作为现实中的玩家，真的能够时时刻刻都快乐吗？人们在玩其他游戏时的心态，是寻找娱乐，是带着挑战的心情去面对游戏中的困难与挫折。你面对强大的对手，不断地受伤受挫，但越是如此，你越发兴头十足。试想，倘若人们在生活中，也有这么一种积极向上的游戏心态，那么失败与挫折，也就不会显得那般沉重与压抑。既然如此，我们为何不能将挫折变成一种游戏呢？

那样便会让痛苦沮丧的心态快活起来。二者其实并无差别，只是人们在游戏中身心放松，而在生活中过于紧张。于是，你可以体味游戏中面对和战胜挫折的欢乐。同样，只有你将生活的挫折视为游戏，才会从中体味到积极人生的快乐。

在成长的过程中跌倒是常有的事，人生要想得到欢乐就必须能承受跌倒带来的伤痛，这是对人的磨炼，也是一个人成长的必经过程。有的人跌倒一次便意志消沉，一蹶不振，甚至痛不欲生；有的人经历了无数次跌倒，仍然能够坚韧不拔、百折不挠。他们收集好每一次把自己绊倒的石头，激励自己，鼓舞自己，最终获得了成功。

每个人的路都不一样，但命运对我们却是公平的，有所得必有所失，有痛苦也有快乐，就看你能不能咬定青山不放松，心往好处想。当我们梦想着奔向山顶，去看人生华丽风景的时候，突然被挫折打倒，我们痛苦悲伤。当无穷无尽的黑暗包围我们的时候，当一次次的努力尝试无果的时候，我们要开始反思了，反思自己是否被悲伤压抑得丧失了原本的能力。但这时，你不妨安慰自己，将生活中的挫折和困难视为"游戏"，不是游戏人生，而是为了以积极的心态面对现实，去战胜挫折和困难。笑看忧愁，笑看人生，如此而已。

克服狭隘，豁达的人生更美好

在生活中，常常会看到这样一类人：他们受到一点委屈便斤斤计较、耿耿于怀；听到别人的批评就接受不了，甚至痛哭流涕；对学习、生活中一点小失误就认为是莫大的失败、挫折，长时间寝食难安；人际交往面窄，只同与自己一致或不超过自己的人交往，容不下那些与自己意见有分歧或比自己强的人……这些人就是典型的狭隘型性格的人。

具有这种性格的人极易受外界暗示,特别是那些与己有关的暗示,极易引起内心冲突。心胸狭隘的人神经敏感、意志薄弱、办事刻板、谨小慎微,甚至发展到自我封闭的程度,他们不愿与他人进行精神上的交往。心胸狭隘的人会循环往复地自我折磨,甚至会罹患忧郁症或消化系统疾病。

狭隘的人用一层厚厚的壳把自己严严实实地包裹起来,生活在自己狭小冷漠的世界里。他们处处以自我利益为核心,无朋友之情,无恻隐之心,不懂得宽容、谦让、理解、体贴、关心别人。他们始终生活在愤怒及痛苦的阴影下,阻碍了正常的人际交往,影响了自己的生活、学习和工作。因此,心胸狭隘的人必须学会克服狭隘,以一种豁达、宽容的态度对待生活中的人和事。

牛顿1661年中学毕业后,考入英国剑桥大学三一学院。当时,他还是个年仅18岁的清贫学生,有幸得到导师伊萨克·巴罗博士的悉心教导。巴罗是当时知名的学者,以研究数学、天文学和希腊文闻名于世,还有诗人和旅行家的称号,英王查理二世还称赞他是"欧洲最优秀的学者"。他把毕生所学毫无保留地传授给了牛顿。牛顿大学毕业后,继续留在该校读研究生,不久就获得了硕士学位。又过了一年,牛顿26岁,巴罗以年迈为由,辞去数学教授的职务,积极推荐牛顿接任他的职务。其实巴罗这时还不到花甲,更谈不上年迈,他辞职是为了让贤。从此,牛顿就成了剑桥大学公认的大数学家,还被选为三一学院管理委员会成员之一,在这座高等学府中从事教学和科研工作长达30年之久。他的渊博学识和辉煌的科学成就,都是在这里取得的。而牛顿这些成绩的取得与巴罗博士的教导、让贤密不可分。可以说,牛顿的奖章中,也有巴罗一半。

在这个故事中,巴罗用他的豁达和宽容为我们做了很好的榜样。那么,我们要怎么做才能克服狭隘、豁达处世呢?

1. 待人要宽容

在生活中,人与人之间难免会出现一些磕磕碰碰,如有的人伤了自己的面子,有的人让自己下不来台,有的人当众给自己难堪,有的人对自己抱有成见,等等。遇到这些事情,我们应该宽容大度,以促使他人反躬自省。如果针锋相对,互不相让,就会把事态扩大,甚至激化矛盾,于己于人都没有好处。"退一步海阔天空",我们应该以这种胸怀,妥善处理日常工作、生活中遇到的问题,这样才能处理好人际关系,更好地享受工作、学习和生活中的乐趣。

2. 办事要理智

很多人不够成熟,遇事易受情绪控制,一旦受了委屈,遇到挫折,容易失去理智而做出一些蠢事、傻事来。因此,遇事都要先问问自己:"这样做对不对?这样做的后果是什么?"多问几个为什么之后,就可以有效地避免"豁出去"的想法和做法,避免更大冲突的发生。

3. 处事要豁达

凡事要想开一些，不能像《红楼梦》中的林黛玉那样小心眼儿，连一粒沙子都容不下。要胸怀宽广，能容人，能容事，能容批评，能容误解。遇到矛盾时，只要不是原则性的问题，都可以大而化小、小而化了。即使有人故意"冒犯"自己，也应以团结为重，冷静对待和处理。

每个人都希望自己开开心心、顺顺利利，可是生活中总会有那么一些小波澜、小浪花。在这种情况下，斤斤计较会让自己的生活阴暗乏味，只有宽容豁达些才能让自己每天的生活充满阳光。

豁达一点，我们的生活会更美好！

信念达到了顶点，就能够产生惊人的效果

信念是不值钱的，它有时甚至是一个善意的欺骗，然而你一旦坚持下来，它就会迅速升值。

信念是欲望人格化的结果，是一种精神境界的目标。信念一旦确定，就会形成一种成就某事或达到某种预期的巨大渴望，这种渴望所激发出来的能量，往往会超出我们的想象。由信念之火所点燃的生命之灯是光彩夺目的。

美国的罗杰·罗尔斯是纽约的第53任州长，也是纽约历史上的第一位黑人州长。他出生于纽约声名狼藉的大沙头贫民窟。那里环境肮脏，充满暴力，是偷渡者和流浪汉的聚集地。他也从小就学会了逃学、打架，甚至偷窃。直到一个叫皮尔·保罗的人当了罗杰·罗尔斯那座小学的校长。

有一天，罗杰·罗尔斯正在课堂上捣乱，校长就把他叫到了身边，说要给他看手相。于是罗尔斯从窗台上跳下，伸着小手走向讲台，皮尔·保罗先生说，我一看你修长的小拇指就知道，将来你是纽约州的州长。当时，罗尔斯大吃一惊，因为长这么大，只有他奶奶让他振奋过一次，说他可以成为5吨重的小船的船长。这一次，皮尔·保罗先生竟说他可以成为纽约州的州长，着实出乎他的预料。他记下了这句话，并且相信了它。

从那天起，纽约州州长就像一面旗帜飘扬在他的心间。他的衣服不再沾满泥土，他说话时也不再夹杂污言秽语，他开始挺直腰杆走路，他成了班主席。在以后的几十年里，他没有一天不按州长的身份要求自己。51岁那年，他真的成了州长。在他的就职演说中有这么一段话，他说："信念值多少钱？信念是不值钱的，它有时甚至是一个善意的欺骗，然而你一旦坚持下来，它就会迅速升值。这正如马克·吐温所说的：'信念达到了顶点，就能够产生惊人的效果。'"

信念不但能够唤起一个人的信心，更能够延续一个人的信心，它既是信心的开始，也是信心的归宿。但是，信心时常有，信念却不常有,所以成功的人总是少数。随大流的人,把握不住自己的人,看不清趋势的人,即使找到信心,也发展不到信念。急功近利的人会在信心走向信念的过程中崩溃,浮躁的人会葬送从信心走向信念的坦途。

成功者的人生轨迹告诉我们:信念,是立身的法宝,是托起人生大厦的坚强支柱;信念,是成功的起点,是保证人追求目标成功的内在驱动力。信念,是一团蕴藏在心中的永不熄灭的火焰,是一条生命涌动不息的希望长河。

马丁·路德·金说过:"这个世界上,没有人能够使你倒下,如果你自己的信念还站立着的话。"所以,信念的力量,在于使身处逆境的你,扬起前进的风帆;信念的伟大,在于即使遭受不幸,亦能召唤你鼓起生活的勇气;信念的价值在于支撑人对美好事物一如既往的孜孜以求。

当然,如果一个人选择了错误的信念,那必将是对生命致命的打击,起码也会让人导致平庸。错误的信念会夺去你的能量、你的欲望和你的未来。曾有研究者做过这样一个实验:他们把善于攻击鲦鱼的梭鱼放在一个玻璃钟罩里,然后把这个玻璃钟罩放进一个养着鲦鱼的水箱中。罩里的梭鱼看到鲦鱼后,立刻发动了几次攻击,结果它敏感的鼻子狠狠地撞到了玻璃壁上。几次惨痛的尝试之后,梭鱼最终放弃,并完全忽视了鲦鱼的存在。当钟罩被拿走后,鲦鱼们可以自由自在地在水中四处游荡,即使当它们游过梭鱼鼻子底下的时候,梭鱼也继续忽视它们。由于一个建立在错误信念基础之上的死结，这条梭鱼终因不顾周围丰富的食物而把自己饿死了。在现实生活中，又有多少错误的信念成了束缚我们的玻璃钟罩呢？

人生是一连串选择的结果，而选择一个正确的信念，会成就我们的一生。弥尔顿说过："心灵是自我做主的地方。在心灵中，天堂可以变成地狱，地狱也可以变成天堂。"人们的生活由自己选定，而幸福，抑或悲哀，全在于心灵的阴晴。强者的天总是蓝的，因为他们坚信乌云终将被驱散；弱者的眼里总是风霜雨雪，漫布着无奈、无望、无尽的悲哀与叹息。人生的变数很多，然而，不管外界多么的不易把握，只要心中升腾着信念的火焰，艰难险阻就将不复存在。

第六章
战胜恐惧，谁都伤不了你

不要输给自己的假想敌

到了一个阴森森、黑漆漆的地方，我们会感到毛骨悚然，心跳加速，好像危险的事就要发生，于是步步惊魂，随时提高警惕，严阵以待，但是到了最后，往往什么事也没发生。自始至终，都是我们自己在吓自己。所有紧张、恐惧的情绪其实全都来自自己的想象。

小光刚到城里打工时，在一家酒吧做服务生。

自从第一天上班，老板便特别提醒小光："我们这一带有一个人，经常来白吃白喝，心情不好的时候，还会把人打得遍体鳞伤，因此，如果你听到别人说他来了，你什么也别想，想尽办法赶快跑就对了。因为这个人实在太蛮横了，不把任何人放在眼里。上一个酒保被他打伤，到现在还躺在医院里。"

某一天深夜，酒吧外面忽然一阵大乱，有人告诉小光说那个经常闹事的人来了。

当时，小光正在上厕所，等到他走出来时，酒吧里的客人、员工早就跑得干干净净，连个影子也不见了。

这时，只听见"砰"的一声，前门被人踢开了，一个凶神恶煞般的男人大步走进门。他的脸上有一道刀疤，手臂上的刺青一直延伸到后背。

他二话不说,气势汹汹地在吧台前坐了下来,对小光吼道:"给我来一杯威士忌。"

小光心想,既然已经来不及逃跑了,不如就试着赔笑脸,尽量讨这个人的欢心,以保全自己吧!于是,他用颤抖的双手,战战兢兢地递给那个男人一杯威士忌。

男人看了小光一眼,一口气把整杯酒饮干,然后重重地把酒杯放下。

看到这一幕,小光的心脏简直快要跳出来了,若不是酒吧里还放着音乐,他的心跳声一定会被人听见。小光勉强鼓起勇气,小声地问道:"您……您要不要再来一杯?"

"我没那时间!"男人对着他吼道,"你难道不知道那个喜欢闹事的人就要来了吗?"

不久之后,那个男人就走了,小光这才深深地舒了一口气。小光这才发现,其实那个人并不可怕,只是人们无形之中把恐惧扩大了。

很多时候,人们就像案例中的小光一样,到事情结束后才发现恐惧是自己制造的。

对于我们来说,世界是一个宏大的舞台,其中就有很多镁光灯照不到的地方,而我们有的时候就被迫在这些带给我们不安的黑暗中去跳舞,想象着各种危险,有的时候甚至逃避着这一切。

其实这个社会中不是只有你一个人面临这些焦虑和恐惧,很多人都曾在某个时刻被突如其来的未知恐惧所打垮。

与陌生人的交往就是这么一种典型状况,我们把陌生人想象成很可怕的样子,然后害怕与他们交往。

一份来自美国的研究资料称,约有40%的美国人在社交场合感到紧张,那些神采奕奕的政界人士和明星,也有手心出汗、词不达意的时候,还有一些人表面上侃侃而谈、镇定自若,实际上手心早已一把汗。

事实上,我们每个人都需要面对自己的焦虑、紧张情绪,如果你承认并接纳这种紧张情绪,你很快就能抛开它。而那些让紧张情绪影响工作和生活的人,则被心理专家定性为患有社交焦虑症或社交恐惧症,他们的糟糕表现,往往是因为不能承认自己的焦虑和紧张情绪所致。

对某些事物或情景适当的恐惧,可使人们更加小心谨慎,有意识地避开有害、有危险的事物或情景,从而更好地保护自己,避免遭受挫折、失败和意外事故。过度的恐惧则是最消极的一种情绪,并且总是和紧张、焦虑、苦恼相伴,使人的精神经常处于高度的紧张状态。严重影响一个人的学习、工作、事业和前途。因此,它必然损害健康,引起各种心理疾病,长期的极端恐惧甚至可使人身心衰竭。

为了自己的健康和进步,有恐惧心理的人必须下定决心,鼓足勇气,努力战胜自己不健康的恐惧心理。

现在,请闭上眼睛,什么都不要想,彻底放松,除去一切的紧张,然后让憎恨、愤怒、焦虑、嫉妒、艳羡、悲痛、烦忧、失望等精神中的一切不利因素离你而去,你会感到轻松无比。

不要被恐惧束缚手脚

我们的恐惧情绪,有一部分是来自怕犯错误。我们总是小心翼翼地往前迈进,生怕迈错一步,给自己带来悔恨和失败。其实,错误是这个世界的一部分,与错误共生是人类不得不接受的命运。

错误并不总是坏事,从错误中汲取经验教训,再一步步走向成功的例子也比比皆是。因此,当出现错误时,我们应该像有创造力的思考者一样了解错误的潜在价值,然后把这个错误当作垫脚石,从而产生新的创意。

事实上,人类的发明史、发现史到处充满了错误假设和失败观念。哥伦布以为他发现了一条到达印度的捷径;开普勒偶然间得到行星间引力的概念,他这个正确假设正是从错误中得到的;再说爱迪生还知道上万种不能制造电灯泡的方法呢。

错误还有一个好用途,它能告诉我们什么时候该转变方向。比如你现在可能不会想到你的膝盖,因为你的膝盖是好的;假如你折断一条腿,你就会立刻注意到你以前能做且认为理所当然的事,现在都没法做了。假如我们每次都对,那么我们就不需要改变方向,只要继续进行目前的方向,直到结束。

不要用别人走过的路来作为自己的依据,要知道,自己若不去验证,你永远都不知道那是不是一个错误的依据。

其实,你也可以用反躬自问的方式来驱赶错误带给你的恐惧,例如,我从错误中可以学到什么?你可以测试你认为犯下的错误然后把从中得到的教训详列出来。千万别放弃犯错的权利,否则你便会失去学习新事物以及在人生道路上前进的能力。说来奇怪,敢于面对恐惧和保留犯错误权利的人,往往生活得更快乐和更有成就。

摆脱逃避的沼泽

现实生活中,常有人以逃避来麻醉自己,以减轻痛苦。

有人说"人生最大的错误是逃避"。的确,在成功的道路上,因为恐惧而逃避是一个极大的障碍。心理学家认为,逃避是一种"无法解决问题"的心态和没有勇气面对挑战的行为。在现实生活中,如果畏缩不前,战战兢兢,就永远也看不到成功。

有些人想出去旅行;有些人则努力地寻找快乐,去各种地方，做各种各样的事情。我们也可能会做一些好的工作，但是，在我们能够直面这些事情之前，我们一直是恐惧的、不快乐的。

任务没有完成、问题没有解决、挑战没有应付……就好像旧账没有还一样，最终还是要回来还债，并且交还本息，而它的利息就是品尝自己因为懦弱地离开而种下的苦果。

如果一个人不能在重大的事情上接受生命的挑战，他就不可能心境平和，不可能有快乐的感觉，同样，也不可能摆脱这些困扰。

侗军有着令人羡慕的职业，他是一个因循守旧的人，不习惯面对变化与改革。当他得知自己可能被指派去干他既不熟悉也不喜欢的工作时，潜在的焦虑、恐惧与厌世情绪随即涌上心头。他本来可以去竞争另外一个更适合自己的职位，可是他由于胆怯自卑而失去了竞争的勇气。正是这种逃避竞争、习惯于退缩的心态，使他陷入绝望的深渊之中。这种扭曲的心态和错误的认知观念使他放弃了所有的努力。

其实，人的一生，或多或少都会遇到一些意外和不如意的事情，而我们能否以健康的心态来面对是至关重要的。

有这样一则寓言故事正说明了逃避能够带来的人生是什么样的。

一个雨夜，一只猴子和一只癞蛤蟆坐在一棵大树底下，一起抱怨这阴冷的天气。

"咳！咳！"最后猴子被冻得咳嗽起来。

"呱——呱——呱！"癞蛤蟆也冷得叫个不停。

当它们被淋成了落汤鸡、冻得浑身发抖的时候，它们商议再也不过这种日子了，于是它们决定天一亮就去砍树，用树皮搭个暖和的棚子。

第二天一早，当橘红的太阳在天边升起，金色的阳光照耀着大地的时候，猴子尽情地享受着阳光的温暖，癞蛤蟆也躺在树根附近晒太阳。

猴子从树上跳下来，问癞蛤蟆："嗨！我的朋友，你现在感觉如何？"

"啊哈，再好不过了！"癞蛤蟆回答说。

"我们现在还要不要去搭棚子呢？"猴子问。

"猴子老兄，你说是动刀动斧地砍树皮好呢，还是在温暖的阳光下饱饱地睡上一觉好呢？"癞蛤蟆懒洋洋地说，"再说动刀动斧的，伤到自己怎么办？"

"那好吧，棚子可以等明天再搭！"猴子也爽快地同意了。

它们为温暖的阳光整整高兴了一天。

天有不测风云，傍晚，又下起雨来。

它们又一起坐在大树底下。

"咳！咳！"猴子又咳嗽起来。

"呱——呱——呱！"癞蛤蟆也冻得喊个不停。

它们再一次下了决心：明天一早就去砍树，搭一个暖和的棚子。

可是，第二天一早，橘红的太阳又从东方升起，大地再一次洒满了金光。猴子高兴极了，赶紧爬到树顶上去享受太阳的温暖。癞蛤蟆也一动不动地躺在地上晒太阳。

猴子又想起了昨晚说过的话，可是，癞蛤蟆却说什么也不同意："干吗要浪费这么宝贵的时光，棚子留到明天再搭嘛！"

这样的情景，一直重复出现。迄今为止，它们的情况都没有变化。

生活中，我们常把明天作为逃避今天的心灵寄托，而当明天来临，你的逃避心理又在为另一个明天"起草稿"，这样的人生不失败又能如何？所以，从现在开始就停止你的抱怨、拖延、逃避吧。因为抱怨会赶走机遇，拖延会颓废生命，逃避会让你永远守着今天而看不到明天。

面对竞争，面对压力，面对坎坷，面对困厄，有人选择了逃避，有人选择了面对和征服，结果不言而喻，越是逃避越是躲不开失败的命运，越是敢于迎面而上越是能够品尝成功的甘甜。

有人说，一个人在心理状况糟糕的时候，不是走向逃避和崩溃，就是走向担当和希望。有些人之所以一再的不如意，根本原因就在于他们选择了逃避。如果我们能够善待自己，接纳自己，并不断克服自身的缺陷，克服逃避的心理，我们就能拥有更为美好的人生。

怎样做才能克服逃避心理呢？

首先，要克服自己的怯懦心理。很多人逃避责任不是因为没有能力，而是因为存在怯懦心理。

其次，告别懒惰。懒惰是逃避者的一大通病，任何懒惰的人都不会获得成功。

最后，切实负起责任。一个习惯于逃避的人，必须培养和树立责任心，才有可能勇敢地承担责任，才能去做自己想做的事；否则就会畏首畏尾，永远走不出黑暗。不论遇到什么问题，哪怕是面临失败，也不要灰心丧气，要勇敢地正视它，以积极的态度寻找应变的方法。一旦问题解决了，自信心也会随之增加，逃避的行为就会消失了。

直面恐惧才能战胜恐惧

尼克里为了领略山间的野趣，一个人来到一片陌生的山林，左转右转，迷失了方向。正当他一筹莫展的时候，迎面走来了一个挑山货的美丽少女。

少女嫣然一笑，问道："先生是从景点那边迷路的吧？请跟我来吧，我带你抄小路往山下赶，那里有旅游公司的汽车在等着你。"

尼克里跟着少女穿越丛林，阳光在林间映出千万道漂亮的光柱，晶莹的水汽在光柱里飘飘忽忽。正当他陶醉于这美妙的景致时，少女开口说话了："先生，前面一点就是我们这儿的鬼谷，是这片山林中最危险的路段，一不小心就会摔进万丈深渊。我们这儿的规矩是路过此地，一定要挑点或者扛点什么东西。"

尼克里惊讶地问："这么危险的地方，再负重前行，那不是更危险吗？"

少女笑了，解释道："只有你意识到危险了，才会更加集中精力，那样反而会更安全。这儿发生过好几起坠谷事件，都是迷路的游客在毫无压力的情况下一不小心摔下去的。我们每天都挑东西来来去去，却从来没人出事。"

尼克里冒出一身冷汗，对少女的解释十分怀疑。他让少女先走，自己去寻找别的路，企图绕过鬼谷。

少女无奈，只好一个人走了。尼克里在山间来回绕了两圈，也没有找到下山的路。

眼看天色将晚，尼克里还在犹豫不决。夜里的山间极不安全，在山里过夜，他恐惧；过鬼谷下山，他也恐惧。况且，此时只有他一个人。

后来，山间又走来一个挑山货的少女。极度恐惧的尼克里拦住少女，让她帮自己拿主意。少女沉默着将两根沉沉的木条递到尼克里的手上。尼克里胆战心惊地跟在少女身后，小心翼翼地走过了这段"鬼谷"路。

过了一段时间，尼克里故意挑着东西又走了一次"鬼谷"路。这时，他才发现"鬼谷"没有想象中的那么"深"，最"深"的是自己想象中的"恐惧"。

很多人都会对"不可能"产生一种恐惧,绝不敢越雷池一步。因为太难,所以畏难;因为畏难,所以根本不敢尝试。不但自己不敢去尝试,认为别人也做不到。

困境中,如果你认为自己完了,那你就永远失去了站立的机会。

一旦勇于面对恐惧之后,绝大多数人立刻就会醒悟:自己拥有的能力竟然远远超过原来的想象!

无论你内心感觉如何,你都要摆出一副赢家的姿态。就算你落后了,保持自信的神色,仿佛成竹在胸,也会让你心理上占尽优势,而终有所成。

不要因为恐惧而不敢去尝试,其实人人都是天生的冒险家。从你出生的那一时刻起到 5 岁,在人生第一个 5 年里,是冒险最多的阶段,而且学习能力也比以后更强、更快。

难以想象,在我们的懵懂阶段,整天置身于从未经历过的环境中,不断地自我尝试,学习如何站立、走路、说话、吃饭等。在这个阶段的幼儿,无视跌倒、受伤,把一切冒险当作理所当然,也正因如此,幼儿才能逐渐茁壮成长。

当人的年龄不断增长,经历过许多事情之后,就会变得越来越胆小,越来越不敢尝试冒险。这是为什么?

其实这是个很简单的道理,大多数人根据过往的经验得知,怎么做是安全的,怎么做是危险的,如果贸然从事不熟悉的事,很可能会对自己产生莫大的威胁。随着年龄的增长,他们越来越安于现状，越来越害怕改变。

行为科学家把这种心态称为"稳定的恐惧"，也就是说，因为害怕失败，所以恐惧冒险，结果观望了一辈子，始终得不到自己想要的东西。殊不知，凡是值得做的事情多少都带有风险。

危险常常与机会结伴而行。如果听听有成就者的说法，就不难理解一个人在获得成功前，为什么多会遭遇到挫折。一时的挫败并不表示一生的终结，绝不能由于害怕而踌躇不前。为了成功，失败是难以避免的，只要能从失败中吸取教训，此后该怎么做，心里必然一清二楚。

只有直面恐惧，不怕冒险，才能打破恐惧，走向成功。

但由于恐惧心理作祟，很多人宁可躲到一边，远离机会，也不愿意去冒险。恐惧心理有很多类型：担心事情发生变化，害怕遭遇未知的问题，因放弃安定的收入而感到不安，等等。总之，他们认为失败是一件可怕的事。

如果能按照以下几点去做，恐惧将不再发生。

1. 要有必胜的信心

只有自己才能保证自己的将来。工作需按部就班，生意虽有成有败，但知识或经验的价值却永不会消失。一个人只要有信心，无论遭遇什么情况，都不致一筹莫展，而且信心是谁都夺不走的。

小成就的累积，可以培养更大的信心。一个人应该认真地自我反省，努力改进，以建立信心，如此才能在遭遇阻碍时，最大限度地发挥潜力。

2. 冲破恐惧心理

面对伴随冒险的机会时，内心的恐惧就会对你说："你绝对办不到。"

祛除恐惧的办法只有一个，那就是往前冲。假如对机会心怀恐惧，你更应强迫自己去面对它。一旦获得机会，向前迈进，以后碰上更好的机会时，你就不会恐惧了。

3. 不怕失败，勇于接受挑战

如果毅然接受挑战，至少你可以学到一些经验，增长自己的见识。不要怕失败，也不可因此而一蹶不振。敢向中游游去，即使不能立刻获得成功，一定也能学到宝贵的经验，成功只是时间问题而已。一个人只要肯尽力学习，成功的机会就会逐渐增加。

直面恐惧，让自己成为一个冒险家，人生便不再充满黑暗。敢于争取、敢于斗争，你才能给自己争取到成功境界里的一席之地。如果你无法战胜自己的恐惧心理，成功也就永远与你无缘。所以，不要害怕，去勇敢面对荆棘坎坷吧，这样你才会活得有声有色。

勇敢去做让你害怕的事

每个人的内心都或多或少存在着害怕或者恐惧，害怕和恐惧会阻碍个人在生活和事业上取得成功。

害怕具有强大的破坏力，它深藏在你的潜意识当中影响你、束缚你，让你消极地去看待世界。害怕的本质其实是一种内心的恐惧，由于担心被拒绝、被伤害，你的行为就被阻止。而恐惧和自我肯定处于对立的位置，就像跷跷板一样。害怕程度越高，自我肯定程度就越低。采取行动去提升自我肯定程度，或许就会降低让你裹足不前的恐惧。采取行动去降低你的恐惧，或许就会更加自信，从而获得成功。

要摒除害怕的情绪，就要不断鼓励自己要勇敢行动。举例来说，假如你害怕拜访陌生人，克服害怕的方式就是不断面对它直到这种害怕消失为止。这就叫作"系统化地解除敏感"，是建立信心与勇气最好、最有效的方法。就如同美国散文作家、思想家、诗人拉尔夫·瓦尔多·爱默生所说："只要你勇敢去做让你害怕的事情，害怕终将消失。"

一位推销员因为经常被客户拒之门外，慢慢患上了"敲门恐惧症"。但是推销是他的工作，他不得不勇敢地去敲门，可是每次看到大门，他的手就颤抖。

迫不得已，他去请教一位推销大师，推销大师在弄清楚他恐惧的原因后，就问他："现在假如你正想拜访某位客户，你已经来到客户家门前了，我先向你提几个问题。"

"好的。"推销员答道。

"请问你现在站在何处？"

"客户家门前。"

"那么你想做什么？"

"进入客户家里，和客户交流。"

"如果你进入客户家里了，出现的最坏情况会是什么呢？"

"被客户拒绝，然后赶出来。"

"赶出来之后呢，你又会站在哪里？"

"又站在了客户的门外。"

在一问一答中，推销员惊喜地发现，原来敲门并不像他想象得那么可怕。在那之后，每当他来到客户门口，他都不再害怕了。他告诉自己，就当作自己的尝试了，如果不成功的话，还可以累积经验。反正最坏的结果就是回到原点，也没什么损失。

最终，这位推销员战胜了"敲门恐惧症"，而且由于其突出的推销成绩，他被评为全行业的"优秀推销员"。

不仅在销售领域，在生活中的任何场合、对于任何事情，害怕的唯一原因就是像案例中的推销员最初的心理一样：担心被拒绝。由于对被拒绝的恐惧，心里就会产生很大的压力，会极不愿意去做某件事，这时别停滞不前，勇敢地敲开面前的那扇门。

勇气往往能给人带来意外的机会，无论是处在逆境或者顺境,勇气都能给你带去力量和指引。在面对各种挑战时,也许失败并不是因为自己智力低下,不是因为缺乏全局观念,也不是因为思维逻辑的问题,而仅仅是因为把困难看得太清楚、分析得太透彻、考虑得太详尽,才会被困难吓倒,举步维艰,因而缺乏勇往直前的力量。

一个人缺乏勇气,就容易陷入不安、胆怯、忧虑、嫉妒、愤怒等情绪的旋涡中,结果事事不顺。其实,恐惧无非是自己吓唬自己。世界上并没有什么真正让人恐惧的事情,恐惧只是人们心中的一种无形障碍罢了。摆脱害怕的心态,勇气是最好的解药。

勇气可以给人很多前进和成功的动力,也能帮助人冷静和自省。《勇气的力量》一书的作者认为,"勇气需要培养和坚守,真正的勇气是能够让心灵始终与正义通行"。也唯有如此,我们才能保持生命的力量,勇敢迈向未来。

恐惧是心灵的鬼魅

人生的道路是充满风雨和泥泞的。在这条路上,有无数潜藏的危机,因此,生活中有许多人开始产生一种恐惧心理。害怕成了让人不能释怀的情结。

现实生活中每个人都可能经历某种困难或危险的处境,体验不同程度的焦虑。恐惧作为一种生命情感的痛苦体验，是一种心理折磨。人们往往并不为已经到来的，或正在经历的事感到惧怕，而是对未知的结果产生恐慌，人们害怕无助、害怕排斥、害怕孤独、害怕伤害、害怕死亡的突然降临，同时人们也害怕丢官、害怕失职、害怕失恋、害怕丧亲、害怕声誉的瞬息失落。

循着哲人们的脚步，聆听他们智慧的声音，我们可以从中悟出战胜恐惧的方法，逐渐培养强大的内心。

有的学者说："愚笨和不安定产生恐惧，知识和保障却拒绝恐惧。"有的学者进一步指出："知识完备的时候，所有恐惧将统统消失。"古罗马箴言说："恐惧之所以能统治亿万众生，只是因为人们看见大地寰宇，有无数他们不懂其原因的现象。"中国宋朝理学家程颢认为："人多恐惧之心，乃是烛理不明。"亚里士多德说得更明确："我们不恐惧那些我们相信不会降临在我们头上的东西，也不害怕那些我们相信不会给我们招致那些事的人，在我们觉得他们还不会危害我们的时候，是不会害怕的。因此，恐惧的意义是：恐惧是由那些相信某事物已降临到他们身上的人感觉到的，恐惧是因特殊的人，以特殊的方式，并在特殊的时间条件下产生的。"显然，恐惧产生于惧怕，但惧怕的形成源于无知，源于对已经历或未经历的事的不认识。

无论作为个人还是作为社会，恐惧都是我们要面对的最大的挑战之一。恐惧既让我们无法充分地展示自我，同时阻碍着我们爱自己和爱他人。没来由的、荒谬可笑的恐惧会把我们囚禁于无形的监牢里。然而，恐惧有时也可以为我们所用。某些恐惧对于自我的保护乃是必要的。对危险的本能的直觉可以提高我们的警惕，帮助我们调动一切手段来使我们免受伤害。

在危险的环境中，倘若我们丧失了警惕，我们就可能闯进"连天使也害怕涉足的境地"。

如今，先进的通信技术把世界各地发生的事件送进每个家庭，我们已经可以了解到其他地区的文明，于是，我们对不可知物的恐惧与无知的阴影就会逐渐消失。托马斯·亨利·赫胥黎曾谈到这一点，他说："世界有如棋盘，棋子是宇宙间的各种现象，比赛的规则就是我们所谓的大自然法则。对弈的另一方是我们没法见到的。我们只知道他的法则总是公道的、光明正大的和富有耐心的。但通过我们所付出的代价，我们还知道，他绝对不会宽容我们的错误，或对我们的无知做丝毫的让步。"

夏天的傍晚，有个人独自坐在自家后院，与后院相毗邻的是一片宁静的森林。这人的目的，就是要在接近大自然的环境中放松放松，享受一下黄昏时分的宁静。天色渐渐暗下来，他注意到，树林里的风越刮越大了。于是他开始担心，这样的好天气是否还能保持下去。接着，他又听到树林深处传来一些陌生的声音。他甚至猜想，可能有吃人的动物正向他走来。

不大一会儿，这个人满脑子都是这种消极的想法，结果变得越来越紧张。这个人越是让怀疑和恐惧的念头进入他的头脑，他就离享受宁静夏夜的目标越远。

这个人的体验很好地验证了布赖恩·亚当斯的生活法则："恐惧是无知的影子，若抱有怀疑和恐惧的心理，势必导致失败。"

因此要战胜内心的恐惧，我们所要做的就是从内心上正视自己的恐惧，认清它的荒唐无稽之处，然后，毫不犹豫地甩掉它，轻轻松松、潇潇洒洒地生活。

敢于冒险的人生有无限可能

其实人世间好多事情，只要敢做，多少会有收获。尤其是在困境中，如果能拿出视死如归的勇气，勇于行动，必能化险为夷，任何困难都将迎刃而解。

在非洲的塞伦盖蒂大草原上，每年夏天，都有上百万只角马从干旱的塞伦盖蒂北上迁移到马赛马拉的湿地，这群角马正是大迁移群中的一部分成员。

有时湍急的河水本身就是一种危险。角马群巨大的冲击力将领头的角马挤入激流，它们不是被淹死，就是丧生于鳄鱼之口。

这天，角马群来到一处适于饮水的河边，它们似乎对这些可怕的危险了如指掌。领头的角马慢慢地走向河岸，每头角马都犹犹豫豫地走几步，嗅一嗅，叫一声，不约而同地又退了回来，进进退退像跳舞一般。它们身后的角马群闻到了水的气息，一齐向前挤来，慢慢将"头马"们向水中挤去，不管它们是否情愿。角马群已经有很长时间没饮过水，甚至能感觉到它们的绝望，然而舞蹈仍然继续着。

过了三个小时，终于有一只小角马"脱群而出"，开始饮水。

为什么它敢于走入水中，是因为年幼无知，还是因为渴得受不了？

那些大角马仍然惊恐地止步不前，直到角马群将它们挤到水里，才有一些角马喝起水来。不久，角马群将一头角马挤到了深水处，它恐慌起来，进而引发了角马群的一阵骚乱。然后它们迅速地从河中退出，回到迁移的路上。只有那些勇敢地站在最前面的角马才喝到了水，大部分角马或是由于害怕，或是无法挤出重围，只得继续忍受干渴。

每天两次，角马群来到河边，一遍又一遍地重复着这仪式。

一天下午，一小群角马站在悬崖上俯视着下面的河水，向上游走100米就是平地，它们从那里很容易到达河边。但是它们宁可站在悬崖上痛苦地叫着，也不肯向目标前进。

生活中的你是否也像角马一样？是什么让你藏在人群之中，忍受着对成功之水的渴望？是对未知的恐惧，害怕潜藏的危险？还是你安于平庸的生活，放弃了追求？大多数人只肯远远地看着别人成功，自己却忍受干渴的煎熬。不要让恐惧阻挡你的前进，不要等待别人推动你前进。只有勇于冒险的人才可能成功。要知道，成就和风险是成正比的。世界上很少有报酬丰厚却不要承担任何责任的便宜事。怕担风险，只会让自己和成功无缘。

苹果电脑公司是闻名世界的企业。大家只知乔布斯是苹果电脑创办人，其实30年前，他是与两位朋友一起创业的，其中一名叫惠恩的搭档，人称美国最没眼光的合伙人。

惠恩和乔布斯是街坊，大家都爱玩电脑，两个人与另一朋友合作，制造微型电脑出售。这是又赚钱又好玩的生意，三个人十分投入，并且成功制造出"苹果一号"电脑。在筹备过程中，用了很多钱。

这三位青年来自中下阶层家庭，根本没有什么资本可言，大家四处借贷，请求朋友帮忙，惠恩只筹得1/10的资本。不过，乔布斯没有怨言，仍成立了苹果电脑公司，惠恩也成为小股东，拥有1/10的股份。

"苹果一号"以660美元的价格出售，原本以为只能卖出一二十台，岂料大受市场欢迎，总共售出150台，收入近10万美元，扣除成本及债项，赚了4.8万美元。惠恩分得4800美元，但在当时已是一笔丰厚的回报。不过，惠恩没有收这笔红利，只是象征性地拿了500美元作为工资，甚至连那1/10的股份也不要，就急于退出苹果电脑公司。

苹果电脑公司后来发展成超级企业，如果惠恩当年就算什么也不做，单单继续持有那1/10股权，今时今日，应该有8亿~10亿美元的身价。事实上，乔布斯的另一位搭档，也是凭股份成为亿万富翁的。

为什么惠恩当年愿意放弃一切？原来他很怕乔布斯，因为对方太有野心了。后来他向传媒说："为什么我要马上离开苹果公司，要回500美元就算了？因为我怕乔布斯太过激进，日后可能会令公司负上巨额债项，那时我也要替公司负上1/10的责任！"转念间，惠恩终生与财富无缘，错失了让自己成功的机会。

勇气是人生的发动机，勇气能创造奇迹，勇气能战胜一切困难。试想，如果我们事事都能拿出破釜沉舟的勇气和决心，那么世间还有什么困难！

苦难不可怕，可怕的是恐惧的心

每个人心中都应有两盏灯，一盏是希望的灯；一盏是勇气的灯。有了这两盏灯，我们就不怕海上的黑暗和波涛的险恶了。

如果你要选择成功，那么，你同时要选择坚强。因为一次成功总是伴随许多次失败，而这些失败从不怜惜弱者。没有铁一般的意志，你就不会看到成功的曙光。生活告诉我们，怯懦者往往被灾难打垮、吓退，坚强者则大步向前。

据说有一个英国人，生来就没有手和脚，竟能如常人一般生活。有一个人因为好奇，特地拜访他，看他怎样行动、怎样吃东西。那个英国人睿智的思想、动人的谈吐，使那个客人十分惊异，甚至完全忘掉了他是个残疾人。

巴尔扎克曾说过："挫折和不幸是人的晋身之阶。"悲惨的事情和痛苦的境况是一所培养成功者的学校，它可以使人神志清醒，遇事慎重，改变举止轻浮、冒失逞能的恶习。上帝之所以将如此之多的苦难降临到世上，就是想让苦难成为智慧的训练场、耐力的磨炼所、桂冠的代价和荣耀的通道。

所以，苦难是人生的试金石。要想取得巨大的成功，就要先懂得承受苦难。在你承受得住无数的苦难相加的重量之后，才能承受成功的重量。

当你碰到困难时，不要把它想象成不可克服的障碍。因为，在这个世界上没有任何困难是不可克服的，只要你敢于扼住命运的咽喉。贝多芬28岁便失去了听觉，耳朵聋到听不见一个音节的程度，但他为世界留下了雄壮的《第九交响曲》。托马斯·爱迪生是聋人，他要听到自己发明的留声机唱片的声音，只能用牙齿咬住留声机盒子的边缘，使头盖骨受到震动才能感觉到声响。不屈不挠的美国科学家弗罗斯特教授奋斗25年，硬是用数学方法推算出太空星群以及银河系的活动变化。而他是个盲人，看不见他热爱了终生的天空。塞缪尔·约翰逊视力衰弱，但他顽强地编纂了全世界第一本真正的《英语词典》。达尔文被病魔缠身40年，可是他从未间断过改变了整个世界观念的科学探索。爱默生一生多病，但是他留下了美国文学第一流的诗文集。

如果上帝已经开始用苦难磨砺你，那么，能否通过这次考验，就看你是不是能扼住命运的咽喉，走出一条绚丽的人生之路了。

与苦难搏击，会激发你身上无穷的潜力，锻炼你的胆识，磨炼你的意志。也许，身处苦难之时，你会倍感痛苦与无奈，但当你走过困苦之后，你会更加深刻地明白：正是那份苦难给了你人格上的成熟和伟岸，给了你面对一切无所畏惧的勇气。

苦难，在不屈的人面前会化成一种礼物，这份珍贵的礼物会成为真正滋润你生命的甘泉，让你在人生的任何时刻，都不会轻易被击倒！

镇静让恐惧退缩

瑞士英雄威廉·退尔的故事发生在 14 世纪初，那时瑞士人正在为争取独立而同奥地利统治者做斗争。

瑞士人过去并不像今天这样自由和幸福。许多年以前，有一个名叫盖斯勒的暴君统治着他们，让他们饱尝痛苦。

一天，这个暴君在公共广场竖起了一个高高的杆子，把自己的帽子放在上面。然后他下令每一个进城的人都必须向它鞠躬。但是有一个名叫威廉·退尔的人却没有这样做。他双手交叉放在胸前，站在那里嘲笑上面晃来晃去的帽子。他绝不会向盖斯勒卑躬屈膝。

盖斯勒听说了这件事后，大为恼火。他害怕其他人也会这样不听话，那么很快整个瑞士就会起来反对他。于是他决心惩罚这个胆大妄为的人。

威廉·退尔的家在山中，他是个出名的猎手。整个瑞士没有谁的弓箭功夫能胜过他。盖斯勒知道这一点，于是他想出一个残忍的方法，让这个猎手尝尝自己的技艺带来的痛苦。他下令让退尔的小儿子站在广场上，头上放一个苹果，然后再让退尔用箭把苹果射下来。

"你是要我杀了我的孩子？"他问道。

"不要再说了，"盖斯勒说道，"你必须一箭射下那个苹果。如果你失败了，我的士兵就会在你面前杀死你的儿子。"于是，退尔一言不发，拉弓搭箭。他瞄准目标，把箭射了出去。

小男孩稳稳地站着，一动也没动。他并不害怕，因为他相信父亲的功夫。

"嗖"的一声，箭划过空中，正中苹果的中心，把它射落在地。人们看到后，纷纷欢呼起来。

当退尔转过身走开时，一支藏在他外套下的箭掉在了地上。

"你这家伙！"盖斯勒喊道，"你的第二支箭是什么意思？"

"暴君！"退尔自豪地回答，"假如我伤到了我的孩子，这第二支箭就是给你的。"

然后，故事的结尾又是老生常谈：此后没过多久，退尔果然用箭射杀了暴君，他因此成为民族英雄。

故事中的退尔即使面对危难，也没有一丝一毫的害怕和恐慌，而是利用自己的镇静战胜了困难，成就了自己。所以，在面对危难的时候，一定要镇静，因为你越慌乱越想不出解决的办法。

理查三世和亨利准备决一死战，这场战斗将决定谁来统治英国。战斗开始前的一天早上，理查派一个马夫备好自己最喜欢的战马。

"快点儿给它钉掌，"马夫对铁匠说，"国王希望骑着它打头阵。"

"你得等等，"铁匠回答，"前几天给所有的战马都钉了掌，铁片没有了。"

"我等不及了！"马夫不耐烦地叫道。

铁匠埋头干活，他找来四个马掌，把它们砸平，整形，固定在马蹄上，然后开始钉钉子。钉了三个掌后，他发现没有钉子来钉第四个掌了。

"我缺几个钉子，"他说，"需要点儿时间砸两个。"

"我告诉过你我等不及了！"马夫急切地说。

"我能把马掌钉上，但是不能像其他几个那么牢固。"铁匠想了想，补充说。

"能不能挂住？"马夫问。

"应该能，"铁匠回答，"但我没把握。"

"好吧，就这样，"马夫叫道，"快点儿，要不然国王会怪罪的！"

就这样，铁匠在马夫的催促下，匆匆忙忙地挂上了第四个铁掌。

战斗打响了，两军交上了锋。远远地，理查国王看见在战场另一头自己的几个士兵退却了。兵败如山倒，如果别的士兵看见他们这样，也会后退的，所以理查快速冲向那个缺口，召唤士兵掉头战斗。

理查国王冲锋陷阵，鞭策士兵迎战敌人，突然，一只马掌掉了，战马跌倒在地，理查也被掀翻在地上。国王还没有抓住缰绳，惊恐的畜生就跳起来逃走了。理查环顾四周，他的士兵纷纷转身撤退，亨利的军队包围了上来。

他在空中挥舞宝剑，大喊道："马！一匹马，我的国家倾覆就因为这一匹马。"

镇静，是勇敢性格的一种表现。能于非常情况下做到镇静自若的人，必定是一个具有超常勇气的人。鲁迅先生说："伟大的心胸，应该表现出这样的气概——用笑脸来迎接悲惨的厄运，用百倍的勇气来应对一切的不幸！我们应该具有这样的心胸和勇气！"镇静，让我们不轻易被危险吓倒；镇静，是一份闲庭信步的自若；镇静，是内心里非凡力量的体现；镇静，能产生令人难以置信的魄力……

第七章
提高心理韧性，跌得越重反弹力越大

在困境中引爆潜力

每个人都是被遮蔽的天才,一旦你体内酣睡着的不可估量的潜能被激发出来,你会发现世界上并没有你无法战胜的困难。

一位国际知名的潜能开发大师说过:"你带着成为天才人物的潜力来到人世,每个人都是如此。"每个人都有着巨大的潜能,善于发现并挖掘它,它就能为你所用。忽视或遗忘它的存在,它便沉睡在生命的角落。许多人连做梦也想不到在自己的身体里蕴藏着那么大的潜能,有着能够彻底改变他们一生的强项。

对于人类所拥有的无限潜能,有这样一个小故事。

一位已被医生确定为残疾的美国人,名叫梅尔龙,靠轮椅代步已12年。他的身体原本很健康,19岁那年,他赴战场打仗,被流弹打伤了背部的下半截,被送回美国医治,经过治疗,他虽然逐渐康复,却没法行走了。

他整天坐轮椅,觉得此生已经完结,有时就借酒消愁。有一天,他从酒馆出来,照常坐轮椅回家,却碰上三个劫匪,动手抢他的钱包。他拼命呐喊奋力抵抗,却触怒了劫匪,他们竟然放火烧他的轮椅。轮椅突然着火,梅尔龙忘记了自己的残疾,他拼命逃走,竟然一口气跑完了一条街。事后,梅尔龙说:"如果当时我不逃走，就必然被烧伤，甚至被烧死。我忘了一切，一跃而起，拼命逃跑，直至停下脚步，才发觉自己能够走动。"现在，梅尔龙已在奥马哈城找到一份职业，他已与常人一样了。

人的潜能犹如一座待开发的金矿，而我们每个人都有这样一座潜能金矿。但是，由于各种原因，潜能从没得到淋漓尽致的发挥。潜能是人类最大而又开发得最少的宝藏！无数事实和许多专家的研究成果告诉我们：每个人身上都有巨大的潜能还没有开发出来。

美国学者詹姆斯根据其研究成果说：普通人只开发了他能力的 1/10，与应当取得的成就相比较，我们不过是半醒着的。我们只利用了我们身心资源的很小很小的一部分。要是人类能够发挥一大半的大脑功能，那么可以轻易地学会 40 种语言、背诵整本百科全书，拿 12 个博士学位。这种描述相当合理，一点也不夸张。所以说，并非大多数人命里注定不能成为"爱因斯坦"，只要发挥了足够的潜能，任何一个平凡的人都可以成就一番惊天动地的伟业，都可以成为另一个"爱因斯坦"。

世界顶尖潜能大师安东尼·罗宾指出，人在绝境或遇险的时候，往往会发挥出不寻常的能力。人没有退路时，就会产生一股"爆发力"，即潜能。

一位农夫在谷仓前面注视着一辆轻型卡车快速地开过他的土地。他 14 岁的儿子正开着这辆车，由于年纪还小，他还不够资格考驾驶执照，但是他对汽车很着迷，而且已经能够操纵一辆车了，因此农夫就准许他在农场里开这客货两用车，但是不准上外面的路。

但是突然间,农夫眼见汽车翻到了水沟里去,他大为惊慌,急忙跑到出事地点。他看到他的儿子被压在车子下面,只有头的一部分露出水面。这位农夫并不高大,他只有170厘米高,70公斤重。但是他毫不犹豫地跳进水沟,双手伸到车下,把车子抬了起来,足以让另一位跑来援助的工人把那失去知觉的孩子从下面拽出来。

当地的医生很快赶来了,给男孩检查一遍,只有一点皮肉伤,需要治疗,其他毫无损伤。

这个时候,农夫却开始觉得奇怪,刚才他去抬车子的时候根本没有停下来想一想自己是不是抬得动,由于好奇,他就再试一次,结果根本就动不了那辆车子。医生说这是奇迹,他解释说身体机能对紧急状况产生反应时,肾上腺就大量分泌出激素,传到整个身体,产生出额外的能量。这就是他能提出来的唯一解释。

由此可见,一个人通常都存有极大的潜能。这一类的事还告诉我们另一个更重要的事实:农夫在危急情况下产生一种超常的力量,并不仅是肉体反应,它还涉及精神的力量。当他看到自己的儿子可能要淹死的时候,他的反应是要去救儿子,一心只想把压着儿子的卡车抬起来,而再也没有其他的想法。可以说是精神上的"肾上腺"引发出潜在的力量。

人的潜能是无限的,关键在于认识自己、相信自己,发挥自己的力量。其实每个人对自己最大的才能、最高的力量总不能认识,只有在大责任、大变故或生命危难之时,才能把它催唤出来，而催唤之人就是你自己。

爱迪生曾经说："如果我们做出所有我们能做的事情，我们毫无疑问地会使我们自己大吃一惊。"但是，在生活中很多人从来没有期望过自己能够做出什么了不起的事来。这就是问题的关键所在，正是因为我们只把自己钉在我们自我期望的范围以内，我们才无法发挥自己的潜力。

安东尼·罗宾告诉我们，任何成功者都不是天生的，成功的根本原因是开发了人的无穷无尽的潜能。只要我们抱着积极心态去开发你的潜能，尤其是在困境之中，我们就会有用不完的能量，我们的能力就会越用越强。相反，如果我们抱着消极心态，不去开发自己的潜能，那我们只有叹息命运不公，并且越消极越无能！

甩掉你的消极，乐观面对

对你的人生，如果只看到消极的一面，可能会使你错过许多机会。你忽视的一些问题，反而可能会改善你的人际关系和生活质量。如果你一直有一个悲观的世界观，那么你的注意力可能永远不会转移到对你有利的一面。

人在不能改变环境的时候就要改变自己的心态，因为只要及时改变心态就一定会拥有积极向上的行为，那时，再苦的日子也是甜的，你会发现其中有很多让自己心情愉悦的事情。所以说，生活的艺术就是把苦日子过甜的艺术。

乐观是一种健康的心态，乐观的人心胸宽广，能苦中作乐，在忍受中享受小小的幸福。谁都可以把苦日子过甜，但一味地发牢骚只会过得更加辛苦。其实很多时候，生活并没有亏待我们，而是我们祈求太多以至忽略了生活本身。

在美国西雅图一个普通的卖鱼市场，摊贩们天天在这充斥着臭气的环境中工作，他们也曾经抱怨过命运的不公。但是后来，他们意识到再多的抱怨都无济于事，唯一能拯救他们的，只有他们自己。

于是他们开始转变心态，对自己的工作从厌恶转变为欣赏，用最灿烂的笑容迎接来自四面八方的客人。他们不再抱怨生活，而是把卖鱼当成一种艺术。他们个个面带笑容，像棒球队员，让冰冻的鱼儿像棒球一样，在空中飞来飞去，大家互相唱和。他们的微笑感染了那些脸上布满阴云的人们，他们把快乐传递给了每一个人。这一群摊贩在苦难的生活面前，显示了人生的大智慧。

最终大家齐心协力，把以前气氛沉闷的鱼市，变成了欢乐的游乐场。附近的上班族也被他们感染，常到鱼市来和鱼贩用餐，感受他们快乐工作的好心情。每个愁眉不展的人进了这个鱼市，都会笑逐颜开地离开，还会情不自禁地买下鱼货，自然，鱼市的销售额也因此渐渐增长。

如果你觉得悲观情绪左右着你的判断，你开始对未来失去信心的时候，不要忘了提醒自己时间正在一分一秒地流逝。悲观本质上是不切实际的，因为它让你在还没有发生，并且也不一定会发生的事情上浪费了时间，它阻碍了你完成应该完成的事情。

常言道，人生不如意之事十有八九。本来生活中那幸福的"一二"就不多，你再盯着那不如意的"八九"岂不是自讨苦吃？所以我们应该学会忘却伤痛，珍惜现有，不要做自以为是的可怜虫。看淡名利、金钱、苦难，一切不过如此罢了，学会苦中作乐，用乐观积极的态度使心灵得到净化和陶冶，少些浮躁，就能拥有阳光人生。

别做无谓的坚持，要学会转弯

当不幸降临的时候，并不是路已经到了尽头，而是在提醒你：你该转弯了。

常有人说：朝着你的目标，坚持到底，你一定会成功的。不坚持肯定不能成功，但是坚持了就一定会成功吗？

马嘉鱼很漂亮，银色的皮肤，燕尾，大眼睛，平时生活在深海中，春夏之交溯流产卵，随着海潮游到浅海。渔人捕捉马嘉鱼的方法很简单：用一个孔目粗疏的竹帘，下端系上铁浮，放入水中，由两只小艇拖着，拦截鱼群。马嘉鱼的"个性"很强，不爱转弯，即使闯入罗网之中也不会停止，所以一只只"前赴后继"陷入竹帘孔中。孔收缩得越紧，马嘉鱼就越拼命往前冲，结果被牢牢卡死，为渔人所获。

常有人一方面抱怨人生的路越走越窄，看不到成功的希望；另一方面又因循守旧、不思改变，习惯在老路上继续走下去。这不是有些像马嘉鱼吗？

其实，当你失败时，你不一定非要做无谓的坚持，如果调整一下目标，改变一下思路，往往会柳暗花明、豁然开朗。当不幸降临的时候，并不是路已经到了尽头，而是在提醒你：该转弯了。

克利斯朵夫·李维以主演《超人》而蜚声国际影坛，然而1995年5月，在一场激烈的马术比赛中，他意外坠马，成了一个高位截瘫者。当他从昏迷中苏醒过来时对大家说的第一句话就是："让我早日解脱吧。"出院后，为了让他散散心，舒缓肉体和精神的伤痛，家人推着轮椅上的他外出旅行。

一次，汽车正穿行在蜿蜒曲折的盘山公路上，克利斯朵夫·李维静静地望着窗外，他发现，每当车子即将行驶到无路的关头时，路边都会出现一块交通指示牌"前方转弯！"而转弯之后，前方照例又是柳暗花明、豁然开朗。山路弯弯，峰回路转，"前方转弯"几个大字一次次冲击着他的眼球，他恍然大悟：原来，不是路已到尽头，而是该转弯了。他冲着妻子大喊："我要回去，我还有路要走。"

从此，他以轮椅代步，当起了导演。他首次执导的影片就荣获了金球奖。他还用牙咬着笔，开始了艰难的写作。他的第一部书《依然是我》一问世，就进入了畅销书排行榜。同时，他创立了一所瘫痪病人教育资源中心，他还四处奔走为残疾人的福利事业筹募善款。

美国《时代周刊》曾以《十年来，他依然是超人》为题报道了克利斯朵夫·李维的事迹。在文章中，李维回顾他的心路历程时说："原来，不幸降临时，并不是路已到尽头，而是在提醒你该转弯了。"

转弯不是逃避。有人做一件事失败了，就转弯做别的，就有人说这人没有毅力。其实天生我才必有用，东方不亮西方亮。失败并不可怕，可怕的是你因循守旧地继续失败。转弯是为了寻找更好的道路以达成功，并不是逃避、没有毅力。

一个人可以选择自己的理想，可以选择自己的方向，但对于遭遇是无法选择的，也是无法预料的。遇到挫折要学会转弯，转过这个弯，人生的风景又是另一番景致。

路在脚下，更在心中，心随路转，心路常宽。学会转弯也是人生的大智慧，挫折往往是转折，危机同时是转机。

低谷的短暂停留,是为了向更高峰攀登

随着最后一棒雷扎克触壁,美国队在北京奥运会游泳男子 4×100 米混合泳接力比赛中夺冠了,并打破了世界纪录!泳池旁的菲尔普斯激动得跳了起来,和队友们紧紧拥抱在一起。这也是菲尔普斯本人在北京奥运会上夺得的第 8 枚金牌,可谓是前无古人。菲尔普斯已经彻底超越了施皮茨,成为奥运会的新王者。

如果说一个人的一生就像一条曲线,那么,北京奥运会上的菲尔普斯无疑达到了人生的一个新高峰;如果说一个人的一生就像四季轮回,那么,北京奥运会上的菲尔普斯必定是处在灿烂热烈、光芒四射的夏季。在 2008 年北京的水立方,菲尔普斯创造了令人大为惊叹的 8 金神话,无比荣耀地登上了他人生的巅峰。

而 2009 年 2 月初,当北半球大部分国家还被冬天的低温笼罩时,从美国传出了一条让菲迷们更觉冰冷的消息,菲尔普斯吸食大麻!菲迷们伤心了,媒体哗然了,菲尔普斯竟以"大麻门"的方式再次让人们瞠目结舌。

北京奥运会后,菲尔普斯完全放弃了训练,流连于各个俱乐部、夜店,继而沉醉于赌城拉斯维加斯豪赌,私生活可谓糜烂。他也不再严格控制饮食,导致体重增加了至少 6 公斤。《纽约时报》说,"这是有史以来最胖的菲尔普斯,他更像是明星,而不

是运动员"。

尽管"大麻门"曝光后，菲尔普斯痛心疾首，向公众真诚致歉并表示会痛改前非，很多热爱"飞鱼"的菲迷们都采取了宽容的态度，美国泳协也仅对菲尔普斯禁赛三个月。但事情既然发生，就不得不引发人们的深深思考。

相比于风光无限的2008年夏季，2008年底到2009年初，菲尔普斯似乎在走下坡路，他的人生也似乎走进了寒冷的冬季。喜欢他的人们帮他开脱，比如年少无知、交友不慎，比如生活单调、压力过大。其实和菲尔普斯相比，现实生活中很多人的生活轨迹又何尝不是如此呢？春风得意，自我膨胀，然后屡犯错误，最后跌入人生的低谷。无论是主观原因还是客观因素，成功的背后总会有失败的影子，得意过后总会伴着失意，有顺境就有逆境，有春天也会有冬季，这似乎是人生无可置疑的辩证法。

人生就像四季，有着寒暑之分，也会有冷暖交替的变化。情场失意、工作不得志、与家人无法沟通、在同事中不被认同、亲人病危……当我们面临人生的"冬季"时，不可避免地会陷入情绪的低潮，并经常在低潮与清醒中来回摇摆。其实，当一个人处于人生中的"冬季"时，正是好好反省、重新认识自己的时候，因为在所谓清醒的时刻，往往并非是真正的清醒。不管是刻意压抑或是在潜意识中，都会在有意或无心的时候否定了内心种种孤寂、空虚的感受，也压抑了由恐惧所引起的各种负面情绪。

当然，一般人也想过办法来解决这样的问题，有人尝试各种各样的方法，只是到了最后，还是不忘提醒自己这样的话："书上写的、朋友说的我都懂，不过，懂是一回事，能不能做又是另外一回事！"就这样，不是畏惧改变，就是不耐于等待，而错失了反省自己的机会！

人在顺境时得意是非常自然的事情，但是能在低谷中苦中寻乐，或是让心情归于平静去认识平常疏于了解的自己，才能帮助自己成长。

生活中的"冬季"就像开车遇到红灯一样，短暂的停留是为了让你放松，甚至可以看看是否走错了方向。人生是长途旅行，如果没有这种短暂的休息，也就无法精力充沛地走过未完的旅程。生命有高潮也有低谷，低谷的短暂停留是为了整顿自我，向更高峰攀登。

人这一辈子总有一个时期需要卧薪尝胆

人生不如意事十之八九，即使是一个十分幸运的人，在他的一生中也总有一个或几个时期处于十分艰难的情况，总能一帆风顺的时候几乎没有。看一个人是否成功，我们不能看他成功的时候或开心的时候怎么过，而要看其在不顺利的时候，在没有鲜花和掌声的落寞日子里怎么过。有句话是这么说的："在前进的道路上，如果我们因为一时的困难就将梦想搁浅，那只能收获失败的种子，我们将永远不能品尝到成功这杯美酒芬芳的味道。"

在中国商界，史玉柱代表着一种分水岭。

20世纪90年代，史玉柱是中国商界的风云人物。他通过销售巨人汉卡迅速赚取超过亿元的资本，凭此赢得了巨人集团所在地珠海市第二届科技进步特殊贡献奖。那时的史玉柱事业达到了顶峰，自信心极度膨胀，似乎没有什么事做不成。也就是在获得诸多荣誉的那年，史玉柱决定做点"刺激"的事：要在珠海建一座巨人大厦，为城市争光。

大厦最开始定的是18层，但之后，大厦层数节节攀升，一直飙到72层。此时的史玉柱就像打了鸡血一样，明知大厦的预算超过10亿元，手里的资金只有2亿元，还是不停地加码。最终，巨人大厦的轰然倒地让不可一世的史玉柱尝尽了苦头。他曾经在最后的关头四处奔走寻觅资金，但"所有的谈判都失败了"。

随之而来的是全国媒体的一哄而上，成千上万篇文章骂他，欠下的债也是个极其恐怖的数字。史玉柱最难熬的日子是1998年上半年，那时，他连一张飞机票也买不起。"有一天，为了到无锡去办事，我只能找副总借，他个人借了我一张飞机票的钱，1000元。"到了无锡后，他住的是30元一晚的招待所。女招待员认出了他，没有讽刺他，反而给了他一盆水果。那段日子，史玉柱一贫如洗。如果有人给那时的史玉柱拍摄一些照片，那上面的脸孔必定是从极度张狂到失败后的落寞，焦急、忧虑是史玉柱那时最生动的写照。

经历了这次失败，史玉柱开始反思。他觉得性格中一些癫狂的成分是他失败的原因。他想找一个地方静静，于是就有了一年多的南京隐居生活。

在中山陵前面的一块地方，有一片树林，史玉柱经常带着一本书和一个面包到那里充电。那段时间，他读了洪秀全等人的许多书，在史玉柱看来，这些书都比较"悲壮"。那时，他每天十点多起床，然后下楼开车往林子那边走，路上会买好面包和饮料。部下在外边做市场，他只用手机遥控。晚上快天黑了就回去，在大排档随便吃一点，一天就这样过去了。

后来有人说，史玉柱之所以能"死而复生"，就是得益于那时候的"卧薪尝胆"。他是那种骨子里希望重新站起来的人。事业可以失败，精神上却不能倒下。经过一段时间的修身养性，他逐渐找到了自己失败的症结：之前的事业过于顺利，所以忽视了许多潜在的隐患。不成熟、盲目自大、野心膨胀，这些，就是他性格中的不安定因素。

他决心从头再来，此时，史玉柱身体里"坚强"的秉性体现了出来。他在那次珠峰以及多次"省心"之旅后踏上了负重的第二次创业。这次事业的起点是保健品脑白金。

因为之前的巨人大厦事件，全国上下已经没有几个人看好史玉柱。他再次的创业只是被更多的人看作赌徒的又一次疯狂。但脑白金一经推出,就迅速风靡全国,到2000年,月销售额达到1亿元,利润达到4500万元。自此,巨人集团奇迹般地复活了。虽然史玉柱还是遭到全国上下诸多非议,但不争的事实却是,史玉柱曾经的辉煌确实慢慢回来了。

赚到钱后,他没想到为自己谋多少私利,他做的第一件事就是还钱。这一举动,再次使其成为众人的焦点。因为几乎没有人能够想到史玉柱有翻身的一天,更没想到这个曾经输得一贫如洗的人能够还钱。但他确实做到了。

认识史玉柱的人,总说这些年他变化太大。怎么能没有变化呢?一个经历了大起大落的人,内心总难免泛起些波澜。而对于史玉柱,改变最多的,大概是心态和性格。几番沉浮,很少有人再看到他像早些年那样狂热、亢奋、浮躁,更多的是沉稳、坚忍和执着。即使是十分危急的关头,他也是一副胸有成竹、不慌不忙的样子。

回想自己早年的失败时,史玉柱曾特意指出,巨人大厦"死"掉的那一刻,他的内心极其平静。而现在,身价百亿的他也同样把平静作为自己的常态。只是,这已是两种不同的境界。前者的平静大概象征一潭死水,后者则是波涛过后的风平浪静。起起伏伏,沉沉落落,有些人生就是在这样的过程中变得强大和不可战胜。良好的性情和心态是事业成功的关键,少了它们,事业的发展就可能徒增许多波折。

人生难免有低谷的时候，在这样的时刻，我们需要的就是忍受寂寞，卧薪尝胆。就像当年越王勾践那样，三年的时间里，作为失败者他饱受屈辱，被放回越国之后，他选择了在寂寞中品尝苦胆，铭记耻辱，奋发图强，最终得以雪耻。

不要羡慕别人的辉煌，也不要眼红别人的成功，只要你能忍受寂寞，满怀信心地去开创，默默付出，相信生活一定会给你丰厚的回报。

最糟也不过是从头再来

如果看看世界上那些成功人士的生平经历就会发现，那些声震寰宇的伟人，都是在经历过无数的失败后，又重新开始拼搏才获得最后胜利的。

这个世界上大多数人都失败过，一些人越战越勇，排除万难迎来了成功，而另外一些人却从此一蹶不振，陷入了人生的泥沼。其实，所有的不幸都不可怕，可怕的是我们丧失了斗志，失去了面对的勇气。只要我们的生命还在，跌倒了就爬起来，所有的伤痛都可以疗愈。

有一首诗写道："白云跌倒了，才有了暴风雨后的彩虹；夕阳跌倒了，才有了温馨的夜晚；月亮跌倒了，才有了太阳的光辉。"

在坚强的生命面前，失败并不是一种摧残，也并不意味着你浪费了时间和生命，而恰恰是给了你一个重新开始的理由和机会。

一次讨论会上，一位著名的演说家面对会议室里的200个人，手里高举着一张20美元的钞票问："谁要这20美元？"一只只手举了起来。

他接着说："我打算把这20美元送给你们当中的一位，在这之前，请准许我做一件事。"他说着将钞票揉成一团，然后问："谁还要？"仍有人举起手来。他又说："那么，假如我这样做又会怎么样呢？"他把钞票扔到地上，又踏上一只脚碾它。而后，他拾起钞票，钞票已变得又脏又皱。"现在谁还要？"还是有人举起手来。

"朋友们，你们已经上了一堂很有意义的课。无论我如何对待那张钞票，你们还是想要它，因为它并没贬值，它依旧值20美元。"

在人生路上，我们又何尝不是那"20美元"呢？无论我们遇到多少艰难困苦或是受挫多少次，我们其实还是我们自己，并不会因为一次失败而失去固有的实力和价值，也并不会因为身陷挫折而贬值。

就算你的人生再糟糕，你的价值也没有被任何人夺走。要相信自己，从头再来，一步一个脚印地走好每一步。

人们从每次错误中可以学习到很多东西，并调整自己的路线，重新回到正确的道路上。错误和失败是不可避免的，甚至是必要的：它们是行动的证明——表明你正在做着事情。

西奥多·罗斯福说："最好的事情是敢于尝试所有可能的事，经历了一次次的失败后赢得荣誉和胜利。这远比与那些可怜的人们为伍好得多，那些人既没有享受过多少成功的喜悦，也没有体验过失败的痛苦，因为他们的生活黯淡无光，不知道什么是胜利，什么是失败。"

在这个世界上，有阳光，就必定有乌云；有晴天，就必定有风雨。从乌云中解脱出来的阳光比以前更加灿烂，经历过风雨洗礼的天空才能更加湛蓝。人们都希望自己的生活如丝顺滑、如水平静，可是命运却给予人们那么多波折坎坷。此时我们要知道，困难和坎坷只不过是人生的馈赠，它能使我们的思想更清醒、更深刻、更成熟、更完美。

所以，不要害怕失败，在失败面前只有永不言弃者才能傲然面对一切，才能最终取得成功。其实，失败不过是从头再来。

忍下来，就是向前一步

小不忍则乱大谋，小不忍难成大器，这是中华民族五千年来的浓缩智慧，是华夏子孙生生不息的古老传承。能承受者，不计较一城一池的得失,更不逞一时的口舌之快;笑到最后,才是笑得最好。能成功者,首先要能够付出,其次是能够承受,最重要的,是能够忍耐。武则天是中国历史上唯一的一位女皇帝,对于她的评判,历来毁誉参半,作为一名杰出的政治家,她固然有其奸诈、阴狠的一面,但是她的大气、豪迈,也令后来者为之赞叹。

徐敬业在扬州造反时,骆宾王起草了讨武檄文,曰:"昔充太宗下陈,曾以更衣入侍,洎乎晚节,秽乱春宫,潜隐先帝之私,阴图后庭之嬖……践元后于翚翟,陷吾君于聚麀。加以虺蜴为心,豺狼成性,近狎邪僻,残害忠良。杀姊屠兄,弑君鸩母。人神之所同嫉,天地之所不容……试看今日之域中,竟是谁家之天下!"

如此的谩骂攻击,连那些读檄文的大臣也为之色变,但是武则天却非常欣赏为文者的文采,竟询问檄文的作者是何人。当她知道是骆宾王时,叹道:"如此天才使之沦为叛逆,宰相的过错呀!"

没有如此的慨然大气,恐怕武则天无论有多少雄才伟略,也无法打破"女子不得干政"的旧律,将大唐江山牢牢握在手心。

不与侮辱自己的敌人计较,并不是说要让自己毫无原则,而是要忘却侮辱带来的烦恼,化敌为友,展现自己的素养。

哲学家康德曾说:"生气,是拿别人的错误惩罚自己。"人与人的差别,有时在于如何对待受气,在于能不能承受"气"。

在非洲的草原上,有一种吸血蝙蝠。它的身体极小,却是野马的天敌。这种动物专靠吸动物的血生存,它在攻击野马时,就附在马腿上,用锋利的牙齿刺破野马的腿,然后用尖尖的嘴吸血。

无论野马怎么发疯地蹦跳、狂奔都无法驱赶掉这种蝙蝠。而蝙蝠却可以从容地吸附在野马身上或是落在野马的头上,直到吸饱吸足后,才心满意足地飞去。而野马常常在暴怒、狂奔、流血中无可奈何地死去。

动物学家们在分析这一问题时,一致认为吸血蝙蝠所吸的血量微不足道,远不至于会让野马死去,野马的死是由于它本身暴怒的习性和狂奔所致。

不能忍者必然被焦虑、愤怒、抑郁等不良情绪所困扰,导致情绪失控,其实最后受伤害的是自己。对于理智的人而言,学会忍耐是必不可少的人生功课。俄国文学家屠格涅夫在"开口之前,先把舌头在嘴里转个圈",即动怒之前先不讲话,以缓和不良情绪。

当需求受阻或遭受挫折时,可以用满足另一种需求的方式来减弱自己的挫败感,以发挥自身的优势,激发自信心。

第八章
还原本我,不要被群体认同所左右

在模式化的人生里，做真正的自己

有一位女士姓李，从小就十分敏感和腼腆，身材一直很胖，脸部看起来比实际上还要胖。她的母亲十分古板，在她看来，穿漂亮的衣服是一件很张扬并且愚蠢的事。为此，她从来都不参加别人的聚会，也很少快活过。上学的时候，她很少和其他孩子一起到室外活动，甚至不愿意上体育课。她很害羞，觉得自己与其他人不一样，完全不讨人喜欢。

长大之后，她嫁给一个比自己年长的男人，可是她并没有多大的改变。丈夫及家人都很友善，充满了自信。这正是她所希望的那类人。她尽最大的努力使自己能和他们融为一体，可是却无法做到。他们为了使她变得开朗而做的每一件事情，都使她更加不自然。她变得异常紧张，开始回避所有的朋友，甚至紧张到怕听到门铃响。她总认为自己是一个失败者，却又害怕丈夫发现这一点。所以每一次在公开场合，她都假装十分开心，结果反而做得很不得体。李女士常常为自己的过失而后悔不已，有时候甚至觉得活下去都没有什么意义了——她想到自杀。

是什么东西改变了这个痛苦女人的生活呢？原来不过是一句随口而出的话。

有一天，婆婆谈到自己是怎样教育孩子时，说道："无论如何，我总是要求他们保持自己的本色。""保持自己的本色"，就是这句话启发了李女士。刹那间，李女士突然发现自己之所以如此苦恼，就是因为一直试图让自己生活在别人的目光和影响下。

她说："一夜之间似乎我的人生整个儿地改变了。我开始思考如何保持自己的本色，试着总结自己的个性；我发掘自己的优点，并开始研究色彩和服饰方面的问题，按照适合自己特点的方式穿衣服；我主动地去交朋友，还参加了一个社团组织——一个很小的社团。第一次参加活动把我吓坏了。但每发一次言，都使我增加了一份勇气。尽管它花费了我很长时间，但却给了我许多快乐，而这些快乐都是以前我想都不敢想的。后来，当我在教育自己的孩子时，我经常将自己从这些痛苦中学到的经验告诉他们，让他们牢记，无论如何都要保持本色。"

这揭示了一个简单的真理，其实，增强自信心最好的办法，是保持你原有的个性和特质，塑造一个真我。内在的修养是最宝贵的。一个真正懂得与时代共舞的人，绝不会因场合或对象的变化，而放弃自己的内在特质，盲目地去迎合别人。你要作为你自己出现，而不是为了别的什么。我们时常发现一些人，他们总觉得自己不如别人，于是随着环境、对象的变化而不断改变自己，结果弄得面目全非。

保持一个真实的自我并不等于要标新立异，甚至明明知道自己错了，或具有某种不良习惯而固执不改。保持真我，是保持自己区别于他人的独特、健康的个性。这种人是真正具有自信心的人。

那些具有个性的人，当然更具备无穷的魅力。他们无论在何种情况下，都会保持一个真实的自我，并会恰到好处地表现自己独有的一切，包括声调、手势、语言等。因此，充满自信地在他人面前展现一个真实的自我吧，不必为讨好他人而刻意改变自己，尽力成就真实的自我，用你的坦诚赢得他人的坦诚，以自信的步伐行进在人生的路上。

只有那些没有自信心的人，才会无原则地迎合他人。"如何保持自己的本色，这一问题像历史一样古老，"詹姆斯·季尔基博士说，"也像人生一样的普遍"。不愿意保持自己的本色，包含了许多精神、心理方面潜在的原因。安古尔·派克在儿童教育领域曾经写过数本书和数以千计的文章。他认为："没有比总想模仿其他人，或者做除自己愿望以外的其他事情的人更痛苦的了。"

这种渴望做与自己迥然相异的人的想法，在好莱坞女性中尤其流行。山姆·伍德是好莱坞最知名的导演之一。他说当他在启发一些年轻女演员时，所遭遇到的最令人头痛的问题，是如何让她们保持本色。她们都愿意做二流的凯瑟琳·赫本。"这些套路的演技观众们已经无法容忍了，"山姆·伍德不断地对她们说，"你们更需要塑造出自己新的东西。"

美国素凡石油公司人事部主任保罗曾经与6万多个求职者面

谈过，并且曾出版过一本书名为《求职的六种方法》。他说："求职者最容易犯的错误就是不能保持本色，不以自己的本来面目示人。他们不能完全坦诚地对人，而是给出一些自以为你想要的回答。"可是，这种做法毫无裨益，没有人愿意聘请一个伪君子，就像没有人愿意收假钞票一样。

著名心理学家玛丽曾谈到那些从未发现自己的人。在她看来，普通人仅仅发挥了自己10%的潜能。她写道："与我们可以达到的程度相比，我们只能算是活了一半，对我们身心两方面的能力来说，我们只使用了很小一部分。也就是说，人只活在自己体内有限空间的一小部分里，人具有各种各样的能力，却不懂得如何去加以利用。"

你我都有这样的潜力，因此不该再浪费任何一秒。你是这个世界上一个全新的东西，以前从未有过，从开天辟地一直到今天，没有任何人和你完全一样，也绝不可能再有一个人完完全全和你一样。遗传学揭示了这样一个秘密，你之所以成为你，是你父亲的24个染色体和你母亲的24个染色体在一起相互作用的结果，24对染色体加在一起决定你的遗传基因。"每一个染色体里，"据研究遗传学的教授说，"可能有几十个到几百个遗传因子——在某些情况下，一个遗传因子都能改变一个人的一生。"毫无疑问，我们就是这样"既可怕又奇妙地"被创造出来的。

也许你的母亲和父亲注定相遇并且结婚，但是生下孩子正好是你的机会，也是30亿分之一。也就是即使你有30亿个兄弟姐妹，他们也可能与你完全不同。这是推测吗？不是，这是科学事实。

你应该为自己是这个世界上全新的个体而庆幸，应该充分利用自然赋予你的一切。从某种意义上说，所有的艺术都带有一些自传体性质。你只能唱自己的歌，只能画自己的画，只能做一个由自己的经验、环境和家庭所造成的你。无论好坏，都得自己创造一个属于自己的小花园；无论好坏，都得在属于你生命的交响乐中演奏自己的小乐器。

千万不要模仿他人。让我们找回自己，保持本色。

不做盲从的思维懒汉

盲从是一种很普遍的社会现象。盲从的人误以为："看我多机灵，不落后于他人，别人刚这么做，我也这么做了。"盲从的人失去了原则，往往给自己带来损失或伤害。而要想在生活中、事业上有所成就，就必须摆脱盲从众人的不良习惯，善于用自己的头脑思考问题，做出正确的人生选择。

跟风、随大流是人类的"通病"和习惯，是思维懒汉的"专利"，是我们内心中难以觉察到的消极幽灵。许多人总认为多数人这样做了就一定有道理，自己何必多加考虑，随大流就是了。甚至，有时从众的习惯明显存在严重缺陷，可人们仍不愿批评它,依然盲目跟随,从而导致无谓的悲哀和失败。盲从是一种被动的寻求平衡的适应,是在虚荣之风裹挟下的随大流。它源于从众,出于无奈,又有不得已而为之的意味。

每年高考报志愿时,大家都会看到这样的场面:莘莘学子拿着报考志愿表,在选择填报哪个学校与专业时却表现得束手无策。大家纷纷想寻找"热门"专业,同时对自己能否考上也心存怀疑,所以难免会发出询问:"老师,他们都填报了计算机系,你看我是不是这块料?"

在犹豫和怀疑之后,许多优秀学生最终都选择了大家趋之若鹜的"热门专业"。然而,到大学临近毕业时,他们才发现这些"热门行业"其实并不好就业。

这种现象,是在职业选择上的典型的从众心理。此类错误普遍存在,说明很多人并没有意识到社会需求的一条客观规律:物以稀为贵。

一旦千军万马都去挤一座独木桥,那么就会使桥坍塌的可能性大大增加。相反,如果你能独具慧眼,另辟蹊径,见人之所未见,则往往更能适合社会的需要,也就更容易在社会上生存并取得成功。

生活中,很多人都有跟风、从众的心理特点和行为取向。

有个人一心一意想升官发财,可是从年轻熬到白发斑斑,却只是个小公务员。这个人为此极不快乐,每次想起来就掉泪,有一天竟然号啕大哭起来。

一位新同事刚来办公室工作,觉得很奇怪,便问他因为什么难过。他说:"我怎么不难过?年轻的时候,我的上司爱好文学,我便学着作诗、写文章,想不到刚觉得有点小成绩了,却又换了一位爱好科学的上司。我赶紧又改学数学、研究物理,不料上司嫌我学历太低,不够老成,还是不重用我。后来换了现在这位上司,我自认文武兼备,人也老成了,谁知上司喜欢青年才俊。我……我眼看年龄渐高,就要被迫退休了,却还一事无成,怎么不难过?"

可见,没有自我的生活是苦不堪言的,没有自我的人生是索然无味的,丧失自我是悲哀的。要想拥有美好的生活,自己必须自强自立,拥有良好的生存能力。没有生存能力又缺乏自信的人,肯定没有自我。一个人若失去自我,只是一味盲从,就会丧失做人的尊严,自然也就与成功无缘了。

前些年的流行事物中最令人惊讶的是人们对于山地自行车的青睐。该车型适宜爬山坡和崎岖不平的路面,对于平坦的都市马路毫无用处。山地车骨架异常坚实沉重,车把僵硬别扭,转向笨拙迟缓,根本无法对都市复杂的交通做出灵巧的应变。一天折腾下来,腰酸背痛,加上尖锐刺耳的刹车声,真是一个中看不中用的东西。放着好端端的轻便车不骑,却要弄上一辆如此蠢拙之物,好像一个人丢下良马,偏要骑笨牛一样。时髦先生们头戴耳机,腰挎"随身听",脚踩山地车,一身牛仔服,表面上自我感觉良好得一塌糊涂,然而,这份潇洒的背后,却有许多无奈。

若把时髦比喻成一座令人心旌摇荡的山峰，山地车的功能便昭然若揭了。追赶时尚，大约就像骑那山地车一样，即便累个半死，也是心甘情愿。究其根源："为什么这样？"必答曰："别人都这样！"

盲从的人误以为："看我多机灵，不落后于他人，别人刚这么做，我就这么做了。"盲从的人失去了原则，往往给自己带来损失或伤害。而要想在生活中、事业上有所成就，就必须摆脱盲从众人的不良习惯，善于用自己的头脑思考问题，做出正确的人生选择。

自己的人生无须浪费在别人的标准中

童话里的红舞鞋，漂亮、妖艳而充满诱惑，一旦穿上，便再也脱不下来。我们疯狂地转动舞步，一刻也停不下来，尽管内心充满疲惫和厌倦，脸上还得挂出幸福的微笑。当我们在众人的喝彩声中终于以一个优美的姿势为人生画上句号时，才发觉这一路的风光和掌声，带来的竟然只是说不出的空虚和疲惫。

人生来时双手空空，却要让其双拳紧握；而等到人死去时，却要让其双手摊开，偏不让其带走财富和名声……明白了这个道理，人就会对许多东西看淡。幸福的生活完全取决于自己内心的简约而不在于你拥有多少外在的财富。18世纪法国有个哲学家叫戴维斯。有一天，朋友送他一件质地精良、做工考究、图案高雅的酒红色睡袍，戴维斯非常喜欢。可他穿着华贵的睡袍在家里踱来踱去，越踱越觉得家具不是破旧不堪，就是风格不对，地毯的针脚也粗得吓人。慢慢地，旧物件挨个儿更新，书房终于跟上了睡袍的档次。戴维斯穿着睡袍坐在帝王气十足的书房里，可他却觉得很不舒服，因为"自己居然被一件睡袍胁迫了"。戴维斯被一件睡袍胁迫了，生活中的大多数人则是被过多的物质和外在的成功胁迫着。很多情况下，我们受内心深处支配欲和征服欲的驱使，自尊和虚荣不断膨胀，着了魔一般去同别人攀比，谁买了一双名牌皮鞋，谁添置了一套高档音响，谁交了一位漂亮女友，这些都会触动我们敏感的神经。一番折腾下来，尽管钱赚了不少，也终于博得"别人"羡慕的眼光，但除在公众场合拥有一两点流光溢彩的光鲜和热闹以外，我们过得其实并没有别人想象得那么好。

男人爱车，女人爱听别人说自己的好。从一定意义上来说，人都是爱慕虚荣的，不管自己究竟是否幸福，常为了让别人觉得很幸福就很满足。人往往忽视了自己内心真正想要的是什么，而是常常被外在的事情所左右，别人的生活实际上与你无关，不论别人幸福与否都与你无关，而你错误地将自己的幸福建立在与别人比较的基础之上，或者建立在了别人的眼光中。幸福不是别人说出来的,而是自己感受的,人活着不是为别人,更多的是为自己而活。

《左邻右舍》中提到这样一个故事:说是男主人公的老婆看到邻居小马家卖了旧房子在闹市区买了新房,他的老婆就眼红了,也非要在闹市区选房子,并且偏偏要和小马住同一栋楼,而且一定要选比小马家房子大的那套。当邻居问起的时候,她会很自豪地说:"不大,一百多平方米,只比304室小马家大那么一点!"气得小马老婆灰头土脸的。过了几天,小马的老婆开始逼小马和她一起减肥,说是减肥之后,他们家的房子实际面积一定不会比男主人公家的小,男主人公又开始担心自己的老婆知道后会不会让他们一起减肥!这个故事看起来虽然很好笑,但是却时常在我们的生活中发生,人将自己的生活沉浸在了一个不断与人比较的困境中,被自己生活之外的东西所左右,岂不是很可悲?

一个人活在别人的标准和眼光之中是一种痛苦,更是一种悲哀。人生本就短暂,真正属于自己的快乐更是不多,为什么不能为了自己而完完全全、真真实实地活一次?为什么不能让自己脱离总是建立在别人基础上的参照系?如果我们把追求外在的成功或者"过得比别人好"作为人生的终极目标,就会陷入物质欲望为我们设下的圈套而不能自拔。

别为迎合别人而改变自己

古语说，"以铜为镜，可以正衣冠；以人为镜，可以明得失"。意思是说，每个人都是一面镜子，我们可以从别人身上发现自己，认识自己。然而，如果一个人总是拿别人当镜子，那么那个真实的自我就会逐渐迷失，难以发现自己的独特之处。

有这样一则寓言：有两只猫在屋顶上玩耍。一不小心，一只猫抱着另一只猫掉到了烟囱里。当两只猫同时从烟囱里爬出来的时候，一只猫的脸上沾满了黑灰，而另一只猫脸上却是干干净净。干净的猫看到满脸黑灰的猫，以为自己的脸也又脏又丑，便快步跑到河边，使劲儿地洗脸；而满脸黑灰的猫看见干净的猫，以为自己也是干干净净，就大摇大摆地走到街上，出尽洋相。故事中的那两只猫实在可笑。它们都把对方的形象当成了自己的模样，其结果是无端的紧张和可笑的出丑。它们的可笑在于没有认真地观察自己是否弄脏，而是急着看对方，把对方当成了自己的镜子。同样的道理，不论是自满的人抑或自卑的人，他们的问题都在于没有了解自己，没有形成对自身清晰而准确的认识。

每个人都有自己的生活方式与态度，都有自己的评价标准，女人可以参照别人的方式、方法、态度来确定自己采取的行动，但千万不能总拿别人当镜子。总拿别人作镜子，傻子会以为自己是天才，天才也许会把自己照成傻瓜。

胡皮·戈德堡成长于环境复杂的纽约市切尔西劳工区。当时正是"嬉皮士"时代，她经常模仿着流行，身穿大喇叭裤，头顶阿福柔犬蓬蓬头，脸上涂满五颜六色的彩妆。为此，常遭到住家附近人们的批评和议论。

　　一天晚上，胡皮·戈德堡跟邻居友人约好一起去看电影。时间到了，她依然身穿扯烂的吊带裤，一件绑染衬衫，还有那一头阿福柔犬蓬蓬头。当她出现在她朋友面前时，朋友看了她一眼，然后说："你应该换一套衣服。"

　　"为什么？"她很困惑。

　　"你扮成这个样子，我才不要跟你出门。"

　　她怔住了："要换你换。"

　　于是朋友转身就走了。

　　当她跟朋友说话时，她的母亲正好站在一旁。朋友走后，母亲走向她，对她说："你可以去换一套衣服，然后变得跟其他人一样。但你如果不想这么做，而且坚强到可以承受外界嘲笑，那就坚持你的想法。不过，你必须知道，你会因此引来批评，你的情况会很糟糕，因为与大众不同本来就不容易。"

　　胡皮·戈德堡受到极大震撼。她忽然明白，当自己探索一条可以说是"另类"存在方式时，没有人会给予鼓励和支持，哪怕只是一种理解。当她的朋友说"你得去换一套衣服"时，她的确陷入两难抉择：倘若今天为了朋友换衣服，日后还得为多少人换多少次衣服？母亲已经看出她的决心，看出了女儿在向这类强大的同化压力说"不",看出了女儿不愿为别人改变自己。人们总喜欢评判一个人的外形,却不重视其内在。要想成为一个独立的个体,就要坚强到能承受这些批评。胡皮·戈德堡的母亲的确是位伟大的母亲,她懂得告诉她的孩子一个处世的根本道理——拒绝改变并没有错,但是拒绝与大众一致也是一条漫长的路。

胡皮·戈德堡这一生始终都未摆脱"与众一致"的议题。她主演的《修女也疯狂》是一部经典影片,而其扮演的修女就是一个很另类的形象。当她成名后,也总听到人们说:"她在这些场合为什么不穿高跟鞋,反而要穿红黄相间的快跑运动鞋?她为什么不穿洋装?她为什么跟我们不一样?"可是到头来,人们最终还是接受了她的影响,学着她的样子绑黑人细辫子头,因为她是那么与众不同,那么魅力四射。

相信自己能飞翔,才能拥有翅膀

有一位诗人说得好:"使世界活跃的不是真理,而是信心!"信心是一种机动性的力量。不过这种力量不是普通的力量,而是一种在我们内心活跃着的力量。正如我们的身体是凭着食物所产生的热能构筑起来的一样,我们的生命之所以活跃、有意义、有用,并不是凭自己的力量,而是因为我们从另外一个来源获得了力量。一位心理学者曾在一所著名的大学挑选了一些运动员做实验。他要这些运动员做一些别人无法做到的运动，还告诉他们，由于他们是国内最好的运动员，因此他们能够做到。

这些运动员分为两组，第一组到达体育馆后，虽然尽力去做，但还是做不到。第二组到达体育馆后，研究人员告诉他们，第一组已经失败了，并对他们说："你们这一组与前一组不同，我们研制了一种新药，会使你们达到超人的水准。"结果，第二组运动员吃了药丸后，果然完成了那些困难练习。事后，研究人员才告诉他们，刚才吃的药丸，其实是没有任何药物成分的粉末做的。如果你相信自己能做到，你就一定能做到。第二组运动员之所以能完成这些困难的练习，是因为他们相信自己一定能够做到。这就是积极的心理暗示所产生的效果。信心是人类最伟大的力量之一。只要一点点信心，就可以企及原本所不能完成的事。当然，这并不是说只要自信，每次就能得到自己想要的东西。事实远远不是这么简单，总会有风险在里面。但是，自信的人至少是自己做出选择，而不是听任别人为自己做主（或者是强行为别人做主）。只要他表现良好，说出了自己的感觉，那他就会对自己有信心，提升自尊意识，鼓励自己在人际交往中更加坦率和诚信。

第九章
积蓄正能量，唤醒内心强大的力量

在低调中积蓄前行的力量

荀子说过:"不积跬步,无以至千里;不积小流,无以成江海。骐骥一跃,不能十步;驽马十驾,功在不舍。锲而舍之,朽木不折;锲而不舍,金石可镂。"每天都努力,人生几十年坚持天天如此,量变必然引起质变,所积累的力量必定是不可估量的。低调人的坚持是世界上最伟大的力量,也正是这种力量让他们笑到了最后。北魏节闵帝元恭,是献文帝拓跋弘的侄子。孝明帝当政时,元义专权,肆行杀戮,元恭虽然担任常侍、给事黄门侍郎,却总担心有一天大祸临头,便索性装病不出来了。那时候,他一直住在龙华寺,和朝中任何人都不来往。他潜心研究经学,到处为善布施,就这样装哑巴装了将近十二年。

孝庄帝永安末年,有人告发他不能说话是假,心怀叵测是真,而且老百姓中间流传着他住的那个地方有天子之气。孝庄帝听说这个消息之后,就派人把他捉到了京师。在朝堂上,孝庄帝当面询问元恭有关民间传说之事,元恭依然装聋作哑,而且态度十分谦卑。最后,孝庄帝认定他根本不会有所作为,只不过想安享晚年而已,于是就又放了他。

到了北魏永安三年十月,尔朱兆立长广王元晔为帝,杀了孝庄帝。那时，坐镇洛阳的是尔朱世隆。他觉得元晔世系疏远，声望又不怎么高，便打算另立元恭为帝。更有知情人告诉他元恭只是装成哑巴，为的就是躲过仇人的追杀，如此胸襟和智慧非一般人所有。尔朱世隆于是暗访元恭，得知他常有善举，为人随和而且学识渊博，在当地深得人心。不久，元恭即位当了皇帝。

人生多舛，世事艰难。那些成功者并不一定都拥有好运气，但是他们必定都是从逆境中拼搏而站起来的。这就是说，人生少不了逆境，少不了坎坷，少不了挫折。而成就往往就是在逆境中低调积聚力量的结果，只有那些不断磨炼自己的人才能取得成功，才能突破人生的逆境，忍受人生的挫折，走过人生的坎坷。

低调处世可以追求自己内心的境界，这何尝不是一种成功。他们并不一定有多大的野心，内心世界的升华也是一种境界。战国的庄子，东晋的陶渊明，他们能够舍弃繁华生活，追求一种内心的沉静和智慧，谁又能说他们不是成功呢？在当今这个物欲充斥的社会，这种从心底里寻求低调生活的人往往无欲则刚。

保持一种低调的姿态，不断积聚力量的人必定会是笑到最后的人。低调之人不会引人嫉妒，也不会引人非议。或者出于局势所迫，或者天性使然，懂得低调中积聚力量的人一定会有所作为。

放开胸怀得到的是整个世界

我们说心就像一个人的翅膀,心有多大,世界就有多大。但如果不能打碎心中的四壁,你的翅膀就舒展不开,即使给你一片大海,你也找不到自由的感觉。

有一条鱼在很小的时候被捕上了岸,渔人看它太小,而且很美丽,便把它当成礼物送给了女儿。小女孩把它放在一个鱼缸里养了起来,每天这条鱼游来游去总会碰到鱼缸的内壁,心里便有一种不愉快的感觉。

后来鱼越长越大,在鱼缸里转身都困难了,女孩便给它换了更大的鱼缸,它又可以游来游去了。可是每次碰到鱼缸的内壁,它畅快的心情便会黯淡下来,它有些讨厌这种原地转圈的生活了,索性静静地悬浮在水中,不游也不动,甚至连食物也不怎么吃了。女孩看它很可怜,便把它放回了大海。

它在海中不停地游着,心中却一直快乐不起来。一天它遇见了另一条鱼,那条鱼问它:"你看起来好像闷闷不乐啊!"它叹了口气说:"啊,这个鱼缸太大了,我怎么也游不到它的边!"

我们是不是就像那条鱼呢?在鱼缸中待久了,心也变得像鱼缸一样小了,不敢有所突破。即使有一天,到了一个更为广阔的空间,已变得狭小的心反倒无所适从了。

打开自己,需要开放自己的胸怀。

开放，是一种心态、一种个性、一种气度、一种修养；是能正确地对待自己、他人、社会和周围的一切；是对自己的专业和周围的世界都怀有强烈的兴趣，喜欢钻研和探索；是热爱创新，不墨守成规，不故步自封，不固执僵化；是乐于和别人分享快乐，并能抚慰别人的痛苦与哀伤；是谦虚，承认自己的不足，并能乐观地接受他人的意见，而且非常喜欢和别人交流；是乐于承担责任和接受挑战；是具有极强的适应性，乐意接受新的思想和新的经验，能够迅速适应新的环境；是开放的心胸，敢于面对任何的否定和挫折，不畏惧失败。

不打开自己，一个人就不可能学会新东西，更不可能进步和成长。开放的胸怀，是学习的前提，是沟通的基础，是提升自我的起点。在一个组织里，最成功的人就是拥有开阔胸怀的人，他们进步最快，人缘最好，也容易获得成功的机会。

具有开阔胸怀的人，会主动听取别人的意见，改进自己的工作。比尔·盖茨经常对公司的员工说："客户的批评比赚钱更重要。从客户的批评中，我们可以更好地汲取失败的教训，将它转化为成功的动力。"比尔·盖茨本人就是一个心态非常开放的人，他鼓励公司里每个人畅所欲言，当别人和他有不同意见时，他会很虚心地去听。每次公开讲演之后，他都会问同事哪里讲得好，哪里讲得不好，下次应该怎样改进。这就是世界首富的作风，也是他之所以能成为首富的潜质。

开放的心自由自在，可以飞得又高又远；而封闭的心像一池死水，永远没有机会进步。如果你的心过于封闭，不能接纳别人的建议，就等于锁上了一扇门，禁锢了你的心灵。要知道褊狭就像一把利刃，会切断许多机会及沟通的管道。

花草因为有土壤和养分才会茁壮成长、绽放美丽，人的心灵也必须不断接受新思想的洗礼和浇灌，否则智慧就会因为缺乏营养而枯萎死亡。

转换思路，可以不被任何事情操控

在现实生活中，情绪失控有很多原因，其中最常见的就是认为生活不如意，大事小事都与自己理想中的景象相去甚远。其实这种情况下，你大可不必钻牛角尖，不妨换个角度来看问题，或许你就会有意料不到的收获，你的生活也就会不断充满希望与喜悦。

有这样一个故事：

在波涛汹涌的大海中，有一艘船在波峰浪谷中颠簸。一位年轻的水手顺着桅杆爬向高处去调整风帆的方向，他向上爬时犯了一个错误——低头向下看了一眼。浪高风急顿时使他恐惧，腿开始发抖，身体失去了平衡。这时，一位老水手在下面喊："向上看，孩子，向上看！"这个年轻的水手按他说的去做，重新获得了平衡,终于将风帆调整好。船驶向了预定的航线,躲过了一场灾难。

换个角度看问题,视野要开阔得多,即使处在同一个位置。我们未尝不可从多个角度去分析事物、看待事物。换个角度,其实也是一种控制情绪的好方法。

如果我们能从另一个角度看人,说不定很多缺点恰恰是优点。一个固执的人,你可以把他看成一个"信念坚定的人";一个吝啬的人,你可以把他看成一个"节俭的人";一个城府很深的人,你可以把他看成一个"能深谋远虑的人"。

我们常听到有人抱怨自己容貌不是国色天香,抱怨今天天气糟糕透了,抱怨自己总不能事事顺心……刚一听,还真认为上天对他太不公了,但仔细一想,为什么不换个角度看问题呢?容貌天生不能改变,但你为什么不想一想展现笑容,说不定会美丽一点儿;天气不能改变,但你能改变心情;你不能样样顺利,但可以事事尽心,你这样一想是不是心情好很多?

所以,我们不妨学会淡泊一点儿。不要总想着我付出了那么多,我将会得到多少这类问题。一个人身心疲惫,情绪波动,就是因为凡事斤斤计较,总是计算利害得失。如果把握一份平和的心态,换个角度,把人生的是非和荣辱看得淡一些,你就能很好地控制自己的情绪了。

管住自己才能内心强大

一个人能够自我控制源于他的思想。我们经常在头脑中贮存的东西会渐渐地渗透到我们的生活中。如果我们是自己思想的主人，如果我们可以控制自己的思维、情绪和心态，那么，我们就可以控制生活中可能出现的所有情况。

我们都知道，当沸腾的血液在我们狂热的大脑中奔涌时，控制自己的思想和言语是多么困难。但我们更清楚，让我们成为自己情绪的奴隶是多么危险和可悲。这不仅对工作与事业来说是非常有害的，而且还减少了效益，甚至还会对一个人的名誉和声望产生非常不利的影响。无法完全控制和主宰自己的人，命运不是掌握在自己的手里。

有一个作家说："如果一个人能够对任何可能出现的危险情况都进行镇定自若的思考，那么，他就可以非常熟练地从中摆脱出来，化险为夷。而当一个人处在巨大的压力之下时，他通常无法获得这种镇定自若的思考力量。要获得这种力量，需要在生命中的每时每刻，对自己的个性特征进行持续的研究，并对自我控制进行持续的练习。而在这些紧急的时刻，有没有人能够完全控制自己，在某种程度上决定了一场灾难以后的发展方向。有时，也是在一场灾难中，这个可以完全控制自己的人，常被要求去控制那些不能自我控制的人，因为那些人由于精神系统的瘫痪而暂时失去了做出正确决策的能力。"

看到一个人因为恐惧、愤怒或其他原因而丧失自我控制力时，这是非常悲惨的一幕。而某些重要事情会让他意识到，彻彻底底地成为自己的主人，牢牢地控制自己的命运是多么的必要。

想想看有这样一个人，他总是经常表露自己的想法——要成为宇宙中所有力量的主人，而实际上他却最终给微不足道的力量让了路！想想看他正准备从理性的王座上走下来，并暂时地承认自己算不上一个真正的人，承认自己对控制自己行为的无能，并让他自己表现出一些卑微和低下的特征，去说一些粗暴和不公正的话。

由于缺少自制美德的修炼，我们许多成年人还没有学会去避免那伤人的粗暴脾气和锋利逼人的言辞。

不能控制自己的人就像一个没有罗盘的水手，他处在任何一阵突然刮起的狂风的左右之下。每一次激情澎湃的风暴、每一种不负责任的思想，都可以把他推到这里或那里，使他偏离原先的轨道，并使他无法达到期望中的目标。

自我控制的能力是高贵品格的主要特征之一。能镇定且平静地注视一个人的眼睛，甚至在极端恼怒的情况下也不会有一丁点儿的脾气，这会让人产生一种其他东西所无法给予的力量。人们会感觉到，你总是自己的主人，你随时随地都能控制自己的思想和行动，这会给你品格的全面塑造带来一种尊严感和力量感，这种东西有助于品格的全面完善，而这是其他任何事物所做不到的。

这种做自己主人的思想总是很积极的。而那些只有在自己乐意这样做，或对某件事特别感兴趣时才能控制思想的人，永远不会获得任何大的成就。那种真正的成功者，应该在所有时刻都能让他的思维来服从他的意志力。这样的人，才是自己情绪的真正主人；这样的人，他已经形成了强大的精神力量，他的思维在压力最大的时候恰恰处于最巅峰的状态；这样的人，才是造物主所创造出来的理想人物，是人群中的领导者。

厚积薄发，积储成功的要素

有一个年轻画家，由于功夫不够，生性又草率，画出来的画总是很难卖出去。他看到大画家拉斐尔的画很受欢迎，便登门求教。

他问拉斐尔："我画一幅画往往只用一天不到的时间，可为什么卖掉它却要等上整整一年？"拉斐尔沉思了一下，对他说："请倒过来试试。"青年不解地问："倒过来？怎么倒过来？"拉斐尔说："对，倒过来！要是你花一年的工夫去画一幅画，那么，只要一天工夫就能卖掉它。"

"一年才画一幅，那多慢啊！"年轻人惊讶地叫出声来。拉斐尔严肃地说："对！创作是艰巨的劳动，没有捷径可走，试试吧！年轻人！"

年轻人接受了拉斐尔的忠告，回去后苦练基本功，深入生活收集素材，缜密构思，用了近一年的时间画了一幅画。果然，不到一天的工夫画就卖掉了。

很多人总是急于求成，被一时的近利所迷惑，就像那个年轻人一样。但大凡成功者，绝不是喊几句"我要成功"之类的口号就能轻易实现目标的。冰心说："成功之花，人们只惊羡她现时的明艳，然而当初她的芽儿，浸透了奋斗的泪泉，洒遍了牺牲的血雨。"

成功是要讲究储备的，人生储备越充足，成功的概率就越大，也才可能走得更远。成功的道路，往往是漫长而遥远的。我们如果没有足够的储备，只会在途中让自己的理想夭折。只有积蓄了足够的储备，我们才能在路上随取随用，供给不断发展的需求。

大学毕业后，何芸被分配到一个偏远的林区小镇当教师，工资低得可怜。何芸本来自身有很多优势，教学基本功不错，还擅长写作。但她却一边抱怨命运不公，一边羡慕那些拥有一份体面的工作、拿一份优厚薪水的同窗。这样一来，她不仅对工作没了热情，而且连写作也没兴趣了。何芸整天琢磨着"跳槽"，幻想能有机会调到一个好的工作环境，也拿一份优厚的报酬。

两年时间就这样匆匆过去了，何芸的本职工作干得一塌糊涂，写作上也没有什么收获。其间，何芸试着联系了几个自己喜欢的单位，但最终没有一个单位接纳她。

然而，一件小事改变了何芸。

那天学校开运动会，这在文化活动极其贫乏的小镇无疑是件大事，因而前来观看的人特别多，小小的操场四周很快围成了一道密不透风的环形人墙。

何芸来晚了，她站在人墙后面，踮起脚也看不到里面热闹的情景。这时，身旁一个很矮的小男孩吸引了她的视线。

只见他一趟趟地从不远处搬来砖头，在那厚厚的人墙后面，耐心地垒着一个台子，一层又一层，足有半米高。何芸不知道他垒这个台子花了多长时间，不知道他因此少看了多少精彩的比赛，但他登上那个自己垒起的台子时，冲何芸粲然一笑，那成功的喜悦和自豪感竟是那样的清楚。

霎时间，何芸的心被震了一下——多么简单的事情啊：要想越过密密的人墙看到精彩的比赛，只要在脚下多垫些砖头。

从此以后，何芸满怀激情地投入工作中，踏踏实实，一步一个脚印。很快，她成了远近闻名的教学能手，编辑的各类教材接连出版，各种令人羡慕的荣誉纷纷落到她的头上。业余时间，何芸也笔耕不辍，各类文学作品频繁地见诸报刊，成了多家报刊的特约撰稿人。如今，何芸已被调至自己喜欢的学校任职。

很多时候，我们也像何芸一样，认为自己有很多优势，却总被"大材小用"，其实，只要把心态归零，就会发现自己有很多不足，需要在脚下"多垫些砖"。

大文豪苏东坡曾经说过："博观而约取，厚积而薄发。"积之于厚，发之于薄。厚积薄发，从低处着眼，积蓄力量，逆风飞扬。积蓄能量，仔细思考前进的方向，选择清楚目标。只有积累了足够的成功要素，才能拥有不竭的成功储备，为自己的成功之路铺垫基石。

图书在版编目(CIP)数据

你越强大，世界越公平 / 苏墨著. -- 北京：中国华侨出版社，2019.11（2024.6 重印）
ISBN 978-7-5113-8033-3

Ⅰ.①你… Ⅱ.①苏… Ⅲ.①成功心理学—通俗读物 Ⅳ.① B848.4-49

中国版本图书馆 CIP 数据核字（2019）第 197028 号

你越强大，世界越公平

著　　者：苏　墨
责任编辑：唐崇杰
封面设计：冬　凡
美术编辑：盛小云
经　　销：新华书店
开　　本：880mm×1230mm　　1/32 开　　印张：6　字数：135 千字
印　　刷：三河市华成印务有限公司
版　　次：2020 年 2 月第 1 版
印　　次：2024 年 6 月第 6 次印刷
书　　号：ISBN 978-7-5113-8033-3
定　　价：35.00 元

中国华侨出版社　北京市朝阳区西坝河东里 77 号楼底商 5 号　邮编：100028
发 行 部：（010）88893001　　　传　　真：（010）62707370

如果发现印装质量问题，影响阅读，请与印刷厂联系调换。